文德 / 编著

# 性格决定命运

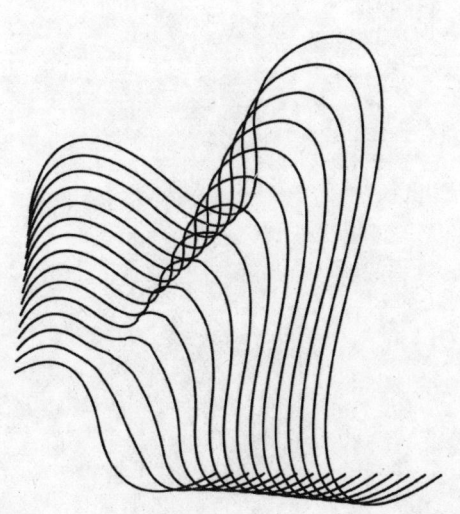

中国华侨出版社
·北京·

# 前 言

看一看我们身边的人,性格这位隐藏的命运之神无时无刻不在左右着我们每一个人的命运。如同这个世界上没有完全相同的两片叶子一样,我们每个人都可谓非常之独特。不同性格的人,在面对同一件事情的时候往往会有不同的反应和行动,这导致了不同的结果和不同的命运。因此,性格决定命运就成为一个不可改变的事实。

什么是性格?概括来说,性格就是人在处理事情的态度和行为方式上表现出来的心理特点,如理智、沉稳、坚韧、执着、含蓄、坦率等。性格不仅影响一个人的生活状况、婚姻家庭,也影响一个人的人际交往、职业升迁、商务活动、事业发展、经营理财等,性格决定一个人的成败得失以及一个人的前途命运。优良性格让人不管是在顺境还是在逆境中,都能坦然积极地面对,并且不懈努力,取得成功;不良性格会让人走尽弯路,受尽挫折,甚至在关键时刻毁掉一个人的一生,造成悲剧性的结局。

对于每一个人来说,良好的性格能够促使其事业成功,能够给他的生活带来幸福和快乐;而不良的性格则会阻碍人的成功。事实上,个人成功除与财富有关以外,与名誉、社会地位和声望等亦息息相关。犹为重要的是,积极的心态、高贵的品格、快乐的心情,都是金钱无法衡量的。然而,任何人都没有完美无缺的性格。每个人的性格都有长处与短处。人天生就有某一类性格，其性格决定了一个人适宜在这个方面做事，而不适合在那个领域发展。"江山易改，本性难移"，不要为自己的性格而烦恼。性格本身没有正确与错误之分。一味地弥补性格缺点的人，只能将自己变得平庸；而发挥性格优势的人，才可以将自己变得出类拔萃。关键在于如何发挥自己性格的优势。

　　本书紧紧围绕性格决定命运这一主题，通过性格自我测试及典型性格代表案例来帮助读者认识并掌握自己的性格，从而扬长避短，最大限度地发挥自己的潜能，有利于高效开展工作、事业，经营生活、家庭，改变自己的命运，创造和谐圆满的人生，并获得成功和幸福。

# 目 录

## 第一章 何为性格

性格是人最本质的象征 /1
性格的表现形式 /5
性格的源起及发展 /7
中国历来对性格的认识 /9
西方国家对性格的理解 /12

## 第二章 性格的形成过程

早期的心灵意识 /15
心灵意识的发展过程 /16
性格的成熟 /18

## 第三章 影响性格的四大因素

遗传——与生俱来的性格 /20
家庭——为性格打上最初的烙印 /22

教育——重塑你的性格 /25
环境——"时势造英雄" /27

## 第四章 性格分类

性格的两种基本分类：内向型和外向型 /30
四种典型性格分类 /35
SMCP 性格分类 /38
红、蓝、黄、绿四色性格分类 /43
九点图性格分类 /58
荣格性格分类 /61

## 第五章 如何认识自己的性格

菲尔测试及性格分析 /71
SMCP 测试及性格分析 /75
荣格性格测试及分析 /81

## 第六章 性格决定命运

怎样的性格决定怎样的命运 /92

性格是可以改变的 /96
命运掌握在自己手里 /98
用性格来改变你的人生 /100
良好的性格是人生一笔巨大的财富 /103

## 第七章　良好的性格成就辉煌人生

自信是开启人生成功之门的金钥匙 /104
乐观的性格让你笑对人生风云 /109
宽容的性格是滋补心灵的鸡汤 /112
坚忍的人才能站得比别人更高 /116
勇敢为你的成功之路铺开康庄大道 /119
热忱是点燃你生命力的火焰 /123
远离让你永远也站不起来的自卑 /127

## 第八章　别让不良性格毁了你

懒惰是成功路上的拦路虎 /132
悲观是人生最黑暗的深渊 /134
别让自负提前注定了你的失败 /136
多疑是躲在人性背后的阴影 /139
贪婪是你永远无法填满的无底洞 /142

暴躁的性格是发生不幸的导火索 /145
依赖只能把你变为别人的附属 /148
性格与健康密切相关 /151

## 第九章 性格拉动健康的纤绳

心理影响生理 /154
沮丧会影响你的心脏 /156
失眠的困扰 /158
紧张性头痛 /159
学会做自己的心理医生 /161
身心健康的"营养素" /163
建立良好的人际关系 /165

## 第十章 性格左右你的人际交往

切莫清高孤傲 /167
学会赞美他人 /168
与人交往保持适度的弹性 /172
吃亏是福 /174
不同性格应采取不同的对待方式 /176
改变在人际交往方面的消极态度 /179

# 第一章 何为性格

大千世界，芸芸众生，如同世界上没有两片相同的叶子，我们每个人都是孤立的个体。在面对同一件事情，每个人的反应都不同：同样是大敌当前，为什么岳飞宁死不屈，而秦桧却卖国求荣？同样是才华横溢，为什么毕加索能一举成名，而凡·高却郁郁而终？太多的为什么让我们不得不联想到性格，正是因为性格的不同而导致了选择的不同、行为的不同，进而导致命运的不同。而性格本身又是复杂而多样的，这体现在每一个个体上更是纷繁复杂、变化万千。这也是为什么我们周围的人有的开朗活泼、有的沉稳冷静、有的热情大方、有的冷若冰霜、有的潇洒大方、有的郁郁寡欢……归根结底都是性格所决定的。那么，究竟什么是性格？

## 性格是人最本质的象征

心理学家认为：性格是一个人典型性的行为方式。也就是说，一个较成熟的人在各种行为中，总贯穿着某一种典型的方式，这是经常的，而不是偶然的。这就是性格。

例如，王某不论在众人聚会的场合，还是在工作中，都是开朗大方、活力四射的。这样，我们说他的性格是活泼的。如果某一日，他有点心事，因而变得沉默寡言，但这只是很偶然的情形，我们就不能说他的性格是沉默寡言的。性格是人的心理的个性差异的重要方面，人的个性差异首先表现在性格上。恩格斯说："刻画一个人物不仅应表现他做什么，而且应表现他怎样做。""做什么",说明一个人追求什么、拒绝什么,反映了人的活动动机或对现实的态度;"怎样做",说明一个人如何去追求要得到的东西,如何去拒绝要避免的东西,反映了人的活动方式。如果一个人对现实的一种态度,在类似的情境下不断地出现,逐渐地得到巩固,并且使相应的行为方式习惯化,那么这种较稳固的对现实的态度和习惯化了的行为方式所表现出的心理特征就是性格。例如,一个人在为人处世中总是表现出高度的原则性、热情奔放、豪爽无拘、坚毅果断、深谋远虑、见义勇为,那么我们说这些特征就组成了这个人的性格。构成一个人的性格的态度和行为方式,总是比较稳固的,在类似的甚至不同的情境中都会表现出来。当我们对一个人的性格有了比较深切的了解,我们就可以预测到这个人在一定的情境中将会做什么和怎样做。

而性格差异是普遍存在的,这就使得每个个体都拥有自己独特的个性。事实上我们生来就具有自己的优点和缺点,只有意识到自己的独一无二,才能理解为什么大家在学同一课程,在同样的时间里由同一位老师讲课,却往往会获得不同的成绩。尽管性格的差异是普遍存在的,但是不能否认人们的性格也存在着共同性,性格是在人的社会化过程中形成的,因此,作为个体总要受到一定社会环境的影响。人是生活在群体之中的,相同的环境条件与实践活动会使人们的性格带有群体的共性特点,像直爽、热情、好客就是东北人的共性。可以说共性是相对存在的,而性格的差异是绝对的。具体地说,性格的特征大致包含了整体性、稳定性、独特性和社会性,以及可变性、复杂性。

**1. 整体性**

性格是一个统一的整体结构,是人的整个心理面貌。每个人的性格倾向性和性格心理特征并不是各自孤立的,它们相互联系、相互制约,构成一个统一的整体。一个固执的人同时也可能是坚强果断的，而一个温柔的人也可能同时是宽容的。因此，分析自己的性格，应当从自身全面地去看，既要看到自己性格的优势，也要看到劣势，只有这样，才能真正认识自己的性格。

### 2. 稳定性

性格是指一个人比较稳定的心理倾向和心理特征的总和，它表现为对人对事所采取的一定的态度和行为方式。一种性格特征一旦形成，就比较稳固，不论在何时、何地、于何种情境下，人总是以他惯用的态度和行为方式行事。"江山易改，本性难移"形象地说明了性格的稳定性。

### 3. 独特性

每个人的性格都是由独特的性格倾向性和性格心理特征组成的，即使是双胞胎，他们在遗传方面可能是完全相同的，但性格品质也会有所差异。因为每个人在后天的实践环境中，条件不可能绝对相同；而且即使是生活在同一家庭中的兄弟姐妹，宏观环境相同，个人的微观环境也是有差异的。因此，每个人的性格都反映了自身独特的、与他人有所区别的心理状态。如《水浒传》中的108条好汉，便是个个性格迥异。

### 4. 社会性

人不仅具有自然属性，同时也具有社会属性。一个人如果离开了人群，离开了社会，正常的心理发育将无法完成，更谈不上性格的发展。生物因素只给人的性格发展提供了可能性，而社会因素则使这种可能性转化为现实。性格作为一个整体，是由社会生活条件所决定的。中国古代"孟母三迁"的故事就充分地反映了人的性格的社会性。

### 5. 可变性

整个人类的心理素质都处在不断进化的过程之中，作为人的心理素质之一的性格，当然也在不断进化。性格也会因为年龄的增长、环境的变化而发生改变，总体来说是趋向成熟的。一个人，当发现自己的性格特征是好的，对他自身的发展有利，他便会通过自我意识来巩固、加强和完善这一性格特点；而当他发现自己的性格特点是不好的、有缺陷的，严重地阻碍了他的发展，他便通过自我意识有目的地节制和消除。人便是通过这个方式改变不好的性格和培养好的性格，不断完善自己，塑造优良而完美的性格。

### 6. 复杂性

人的性格的复杂性，来源于现实社会生活中人的复杂性和矛盾性。人是社会属性和自然属性的统一体，从社会属性来说，人是各种社会关系的总和。由于社会生活的复杂，人的思想、行为不可避免地要受到来自各方面的影响。因此，人的行为的动机、欲望、需求是相当复杂的，甚至是互相矛盾的。人的性格也往往表现出这种矛盾性。有的人平时温文尔雅、态度谦和，但在面对恶势力时也能疾恶如仇、敢爱敢恨。所以，一个人的性格实际上充满了矛盾性和复杂性，很难用一个简单的词来描绘一个人的性格。因此只有深刻地剖析自己的内心世界，剖析自己的各种欲念和思想动机，并且把这些和自己性格方面的各种表现联系起来加以考察，才能从本质上把握住自己的性格。性格的概念是如此的广泛，因此，我们只有准确地了解和把握性格决定行为的规律、不断地认识和了解自己和他人的性格，同时进一步改造和完善自己的性格，才能在真正意义上把握和掌握好自己的命运，成就美好的人生。

# 性格的表现形式

## 1. 活动凸显出性格

人的心理和活动是密切联系的。性格在活动中形成，也在活动中表现。因此，应在游戏、学习、劳动和交往等各种具体活动中研究人的性格。

儿童的性格在游戏中会表现出来。例如，让儿童在各种各样的游戏之间选择一个他最喜欢的游戏，从而由这个游戏的类型来判定儿童的性格，例如，有的游戏是需要团队协作的，有的是由个人独立进行的；有的游戏是运动型的，有的则是安静型的。一般来说，愿做运动型游戏的儿童的性格是比较活泼好动的；愿做安静型游戏的儿童的性格是内向的；而愿做个人游戏的儿童表现出其性格孤僻的一面的同时，也表现出其特立独行的一面；喜欢参加团队协作的儿童的性格，既有善于交往的一面，也有依赖他人的一面。

学生的性格则会在学习活动中表现出来，如学习的责任心和坚持性。作业是否认真、细致，上课时的精神状态和表现，也能反映其性格上的特点。

人的性格还会在工作中表现出来，例如，可以从一个人对工作的态度，如何处理工作中的人际关系及如何完成任务等方面观察到他的性格特征。

## 2. 语言体现出性格

俗话说："言为心声。"我们观察一个人怎样说话，对认识其性格具有重要的意义。如说话的内容、说话真诚与否、言语风格如何等，都可以表现出一个人的性格特点。

一个人表里不一，也可以从其言语中表现出来，如阳奉阴违,说一套做一套,这充分表现出虚伪的性格特征。一个正直的人在说话时不仅语气坚定、斩钉截铁,而且用语也非常讲究礼貌、准确,其内容更是由字里行间透出一股正气。而一个狡诈的人在编造谎言时语气往往是飘忽不定的,而且用语也给人一种不确定、不可靠的感觉,其内容更是漏洞百出。

当然,语言只是我们判断一个人性格的一方面,因此,为了更好、也更准确地判断一个人,我们必须把言语的不同方面与性格的其他表现联系起来。

### 3. 外貌表情反映出性格

其实一个人的面部表情、姿势、打扮、衣着等也在某种程度上反映出一个人的性格特点。一个热情开朗的人总是将他的开朗的性格写在笑脸上,而一个阴郁的人则总是一脸的惆怅表情。微笑本身也可以表现出不同的性格特征。托尔斯泰写道:"有些人一双眼睛在笑,这是奸诈的人和利己主义者。有些人不用眼睛而是口中发笑,这是软弱、优柔寡断的人,而这两种笑都是不愉快的。"面部表情是多种多样的,会表现出不同的性格特性。

眼睛是心灵的窗口,人的眼睛在面貌的表现上起着重要的作用,它显示了人的性格和气质的某些特征。托尔斯泰就曾把人的眼神分为:狡猾的目光、炯炯有神的目光、明朗的目光、忧郁的目光、冷淡的目光、无情的目光等。

典型的姿势,如一个人是放开大步走还是迈着碎步走,是笔直地站着还是斜歪着,双手放在什么地方等,往往也反映出一个人的性格特征。

一个人的服饰也可表现出人的性格。比如,活泼型的姑娘一般喜爱色泽鲜艳、图案活泼多变的服装;温柔文静的姑娘则爱穿素净淡雅、饰物线条简单的服装。

## 性格的源起及发展

英文中的性格"Personality"一词的语源一般都认为它来自希腊文"Persona"。这个词的意思是指希腊人在演戏时戴上的面具,后指演员在戏中扮演的角色,并指扮演该角色的人,有时也指具有某种特征的人。这也就是说,"性格"是人类行为的特征,是经常性的行为表现,而不是那些仅偶尔发生的行为。因此,性格一词最初出现时,含有4种不同的意义:

①一个人在生活舞台上呈献给其他人的公开形象。
②别人由此知道这个人在社会生活中所扮演的角色。
③适合于这个生活角色的各种个人品质的总和。
④角色身份的特定性和异他性。

可见,人的性格既包括呈现在他人面前的外部的自我,也包括由于种种原因不能显示出来的内部的自我。

人类在古希腊时期就开始了对性格的关注和研究,亚里士多德的大弟子德奥佛斯特就在他的《人的种种》一书中对愚钝、小气、胆小、叛逆、自私等常见的性格及典型行为做了深刻而幽默的描述:

愚钝的人就是——
"去找已经忙得焦头烂额的人,要求和他谈谈心。"
"女朋友正生病发高烧,却在她面前大唱情歌。"
"去喝喜酒,却在宴会上大肆批评新娘的不是。"
"看到长途旅行回来、累得全身无力的朋友,却邀他去参加运动。"
"对方手上有一件事情正做也不是、不做也不是,犹豫不决的时候,自己却自告奋勇地表示想接此工作。"

而他对"小气"的人的刻画更是到位,让人叹为观止:

"请人喝酒,却一直数对方喝了几杯。"

"请别人帮忙买东西,即使花费很低,但一看到账单,仍大皱眉头。"

"天天跑去看自己和邻居的土地界址是否被移动了。"

"请人吃烤肉,却切成小小的块,每次只端出一点点。"

"说要出去买食物,逛了半天却什么都没买回来。"

这可以说是目前世界上能找到的最古老的"性格论"著作了。他有关性格的各种描述在诙谐幽默中给人一种贴切、点到死穴的感觉。也正因为如此,读此书也成为当代有关心理学研究的基础。

随后卡雷努思根据希波克拉底的"液体病理学"提出所谓的"气质说"。活泼而有阳刚之气的人血液较多,也就是"多血质";而性情稳重、沉着缓慢者则是由于黑胆汁过多,属于"黑胆质";至于急躁没耐性的人则是由于黄胆汁过多,属于"黄胆质"。这种所谓"气血质"的学说可说是卡雷努思将希波克拉底以来古希腊医学综合整理、体系化的结果。

到了19世纪后半叶至20世纪初,德国医学和心理学家恩特将人的情绪反应以"强与弱""快与慢"等二元对应的方式,配合气质说,在前人的基础上将人的性格归于以下4类:多血质、黏液质、黑胆质和黄胆质。

具有多血质性格的这类人轻率、活泼、好事,喜欢与人交往,面对困难不会退缩,以及不会记恨;很容易答应别人的事情,也很容易忘了约定;有面对困难的勇气,但看事情不妙,也会开溜;能够调整自己的喜怒哀乐,随时保持心理平衡与往前冲刺的状态;一旦成功或受别人赞赏,就乐不可支。

具有黏液质性格的这类人多安静、漫不经心、散漫、邋遢、好饮食。相对于黄胆质的人一受刺激就哇哇大叫，黏液质的人则反应非常迟钝或冷淡。虽然反应及行动缓慢，但这类人通常诚实且值得信任。由于个性平淡，这类人多工作缓慢，所以不太容易紧张，但反面，则有做事动作迟缓、不修边幅、喜好享乐等毛病。可以说，这类型的人多半有点利己主义倾向。

黑胆质也称抑郁质，这类型的人比较趋向于稳重、沉郁，经常只看到人生的黑暗面。他们多半避免迎来送往的交际活动，也不喜欢和外向活泼的多血质人在一起，甚至看到别人欢天喜地乐不可支时，反而会不高兴。这类人一遇到困难常常心理失去平衡，一旦心情不高兴，便久久无法恢复正常。

黄胆质也称胆汁质，对于情绪的刺激非常敏感，意志容易动摇、没有耐心、情绪忽冷忽热。这类人喜欢参加各种活动，但想法常常改变，只有3分钟的热度。这类型的人不喜欢被压抑，喜怒哀乐的表现非常明显。不过，他们不像黑胆质的人容易持续某种心情，不论悲伤或愤怒都来得快去得也快。一般而言，这类型既热心也有爱心，做事情很有爆发力。

到了20世纪，"四气质说"又被德国学者克雷兹曼及美国学者提出的各种理论代替，而这一期间的"性格"学说也得到了空前的发展，其中根据四型判断性格的方法被普遍应用。

## 中国历来对性格的认识

我国对性格的认识与研究最早可以追溯到商周时期的"性习论"，而后到了春秋战国的百家争鸣的年代，各家各派又在"性习论"的基础上纷纷提出自己的观点，将对性格的探讨推到了一个新的高度。

首先是产生于商代的"性习论"。"习与性成"据说是商代早期伊尹告诫初继王位的太甲的一句话，意即一种"习"（习惯）形成的时候，一种"性"（性格）也就形成了。儒家的代表人物孔子，随后把"性习论"加以发展，提出"性相近，习相远"，认为人的本性原先是"相近"的，只是由于后天的习练，而导致了人们"习相远"，即差异很大的性格。

到了百家争鸣的春秋战国时期，以墨子为代表的墨家在以往学说的基础上也形成了自己的观点。提出了"性染说"，认为人性如素丝，"染于苍则苍，染于黄则黄，所入者变，其色亦变"，即人性完全是环境和教育的结果。

与此同时，儒家的另一位集大成者——孟子则一直坚持"性善论""人之初、性本善"。他认为人的性格天生都是善良的，并且举出"恻隐""羞恶""辞让""是非"为人性的"四端"，而这"四端"是人皆有之的，只要推而广之，就可发展成为仁、义、礼、智、信等善良性格。

同属儒家的荀子则提出了与孟子的"性善论"恰恰相反的"性恶论"。他认为："人之性恶，其善者伪也。"认为"情"和"欲"都是人的天性，"性者，天之就也；情者，性之质也；欲者，情之应也。"所以，"情不可免""欲不可去"，"情"和"欲"都是人们产生不良性格的基础。他主张用"礼乐"节制人们的"情"和"欲"。

到了汉代，集各家学说于一身的董仲舒为了迎合当时统治者的需要，便将性格与"天人感应"联系起来，提出一套较为完整的"天人感应论"，认为"为人者天也"。因此，人的身体结构跟天的特点相吻合："人有三百六十节，偶天之数也；形体骨肉，偶地之厚也；上有耳目聪明，日月之象也；体有空窍理脉，川谷之象也。"他认为，人的心理活动也与天的现象相对应："人之好恶，化天之暖晴；人之喜怒，化天之寒暑。"从这种神秘的"天人感应观"出发，必然引出唯心主义心身观，对人性做出唯心主义的臆测。董仲舒明确把人的性格分为"圣人之性""中民之性"和"斗筲之性"，这就是所谓"性三品"说。他认为"圣人之性"天生为善，不必教育；"斗筲之性"天生为恶，无法教育；"中民之性"则可善可恶，必须教育。

随后，"性恶""性善""性染"和"性品"的争论一直持续到了明清时期。

关于性格的分类，中国很早就有了自己的分类方法，我国古书《灵枢》中就对人的心理和生理上的差异进行分类，并归纳为五类：金、木、水、火、土。

金型人面呈方形，皮肤白色，肩、腹、足都小，脚跟坚实厚大，骨轻。秉性廉洁，性情急躁，行动刚猛，办事严肃认真、果断利索、坚定不移。

木型人肤色苍白，头小面长，肩阔背直，身体弱小，忧虑，勤劳。好用心机，体力不强，多动刚猛，多忧多劳。

水型人皮肤较黑，面部不光洁，头大，清瘦，肩膀狭小，好动，走路时身子摇晃。秉性无所畏惧，不够廉洁，善于欺诈，为人不惧不卑。

火型人皮肤发红，背部肌肉宽厚，脸形尖瘦，头小，手足小，步履稳重，走路时肩背摇晃，背部肌肉丰满。性格多虑，缺少信心，态度诚朴。性急，有气魄，轻财物，但少信用。

土型人皮肤呈黄色，头大面圆，肩背丰厚，腹大，腿部壮实，手足不大，肌肉丰满，身体匀称。内心安定，助人为乐，对人忠厚。行事稳重,取信于人,静而不躁,善与人相处。

根据这个理论,不同性格的人,寿命的长短也是不同的。一般认为火型人"不寿暴死",土型人寿长病少,这一点已为现代医学所证实。

我国另一部伟大的医书《内经》还按阴阳强弱把人分为以下五类:太阴、少阴、太阳、少阳、阴阳平和。

用"阴阳五行说"对人进行分类,虽然缺少科学依据,但还是给人们提供了区分不同类型的人的参考工具,这在当时是有一定作用的。这种分法表明:人的本质是由内部阴阳矛盾的倾向性决定的。这和近代生理学研究的兴奋和抑制关系有相同之处。

## 西方国家对性格的理解

在西方国家,早在古希腊时期就对性格展开了各种各样的研究,并做出了种种解释。而这些最早的研究和论断也为后来性格科学的发展奠定了坚实的基础。最早提出性格分类学说的是古希腊哲学家赫拉克里特,他把人分成两类:一类人是以"逻各斯"(理智)为指南并能支配自己欲望和需要的人;另一类人则屈从于跟动物没有多少区别的愿望和需要的支配。柏拉图则用不同的灵魂占优势来解释人们的性格。在他的《理想国》中,他提到人应根据自己的性格做适合的事情,从而各司其职,例如,有智慧的人应该当学者,勇敢的人应该当军人,而情欲旺盛的人可以从事手工业、做手艺人。在西方,把性格理解为其本质是产生于社会的这种观念,起源于亚里士多德。他把人确定为政治的、社会的动物,认为人的性格产生于结合成群体的人们的社会情感和联系,以及由人际交往联系起来的集体生活方式。亚里士多德的这种思想，构成西方最早的性格社会心理学的核心。

一直到十八九世纪，随着人类医学的发展，产生了拉杰法尔的相面术和加尔的颅相学。这种学派认为，人的长相、脸型和性格、命运有联系。1811年，奥地利医生加尔研究了大脑皮质不同部位的功能定位，并且认为，脑的某一部分是否发达，能在颅骨的外形上显示出来。因此，可以根据颅骨的外形来确定一个人的性格特点和心理倾向。例如，前额骨突出，就被认为是"聪明""精干"；额骨扁平，则被认为是"笨拙"等。加尔的这个主观唯心主义的观点，被他的学生施浦泽姆加以发展，成为一门"骨相学"。根据这种学说，一个人是忠诚老实还是虚伪奸诈，是正直坦率还是阴险毒辣等，只要看一个人的头骨长相就能推测出来。但是，这些学说带有很浓的唯心主义色彩，缺乏必要的科学依据，随着科学的进步，它最终被新的学说所取代。

20世纪初，现代心理学的奠基人冯特明确提出了"个性精神源自于整体精神之中"的观点，认为个人性格等个性心理特征是由一定的集体现象中派生出来的。

在冯特以后，又有人提出"遗传决定"的学说，认为个人的性格取决于遗传因素。美国心理学家桑代克说，人的个性"80%决定于基因，17%决定于训练，3%决定于偶然因素"。霍尔则鼓吹："一两的遗传胜过一吨的教育。"他们实际上认为，个人性格之间的差异就是遗传因素的差异，这种差异是不可能消除的。

而从18世纪法国启蒙思想家到德国唯物主义哲学家费尔巴哈，至19世纪俄国革命民主主义者，在个性形成问题上都看到了社会的作用，看到了人与人之间的联系对于性格的影响，提出了性格不是遗传的结果，而是环境和教育影响的结果的原理。俄国革命民主主义者更是将社会对性格的影响大大地推进了一步，他们强调人的活动本身在改变环境中的作用，即不但环境能改变人，人也能改变环境。

到了20世纪40年代，关于遗传和环境对性格、心理的作用，曾引起国际心理学界一场激烈的论战，其结果是不了了之。这场论战中止20多年后，又由于詹森在1969年发表关于种族的智力差异观察、强调遗传决定而重新引发。究竟是遗传决定，还是环境决定，至今仍然没有一个定论。但是性格与人的行为之间存在的相互关系则是一个不争的事实。一方面，性格对人的行为具有支配性，另一方面，人也可以支配自己的性格，人的性格是接受自我意识的控制和调节的。一个人，当发现自己的性格特征是好的，他便会通过自我意识来巩固、加强和完善这一性格特点；反之，当他发现自己的性格特点是不好的，有缺陷的，他便通过自我意识有目的地节制和消除它。人便是通过这两个渠道改变不好的性格和培养好的性格，来不断完善自己，进行优良而完美的性格的塑造。

## 第二章 性格的形成过程

荣格指出，对于婴幼儿来说，对他们最有影响的东西并不是来自父母的意识状态，而是来自他们本身的无意识的背景。也就是说，在婴儿刚出生时，他是意识不到作为父母的成人行为的，但在他的潜意识中，会流露出他的性格信息。当然，这种所谓的潜意识中存在的性格信息与遗传有一定的联系，但它并不完全由遗传来决定。

## 早期的心灵意识

人的心灵意识进化是一个继承与进步的过程，儿童先于自我意识阶段的精神，并非空洞无物。继承祖先的潜在意识处于朦胧状态，只是在得到外界物的刺激时才表现出来。当语言发展时，儿童的意识便随即出现。这种具有瞬时内涵和记忆的意识便自动检验先前的集体内涵。而事实也证明了在未获得自我意识的儿童身上确实自然拥有着这些内涵。这些梦有许多是非常神秘，而且寓意很深刻的，我们无法明白。如果我们事先不知道这是儿童做的梦，人们会理所当然觉得梦中的那些东西很成熟，是只有成年人才做的梦。这些梦都是祖先痕迹正在退化的集体精神的最后痕迹，这种通过儿童的梦来重现人类心灵中永恒的内涵的做法有点可笑。在这个阶段，因为这些退化必然产生出许多恐惧，以及各种朦胧的成熟的预感，这些预感会在以后的生活阶段中再出现，正如人们通常说的：只有小孩和傻子说实话。这种实话是一种人类心灵遗留下来的印证。

## 心灵意识的发展过程

当婴幼儿已经从无意识开始变为有意识时，弗洛伊德指出：如果母亲注意了喂奶的方式、断奶的态度以及关于大小便排泄的教养方法，孩子在成长后的性格，就会因母亲的教导方法的差异而有所不同。

首先是关于喂奶，如果得不到母亲的关注，只是定时由用人喂养而成长的儿童，性格会变得孤僻，他们较为好哭、爱撒娇、自私和对别人猜疑，称为"口腔期不足"。弗洛伊德将人生的发展分为5个阶段，每一阶段各具明显的特征，并且认为每一阶段都潜伏着一种"危机"。

以下是弗洛伊德的"人生5阶段"概要：

### 1. 信任与怀疑

出生至1岁的婴儿阶段，称为"口唇期"。

弗洛伊德认为：这一时期人主要的需求是获取口唇的满足感，即婴儿通过吸吮母乳而获得满足。对于这一时期的口唇需要可以从婴儿的生理与精神需要两个方面来理解：刚出生的婴儿由于生理需要解决吃奶问题；而同时，没有任何行动能力的婴儿也需要与一个养育者建立起永久的亲密关系，并给婴儿提供一种全面的生存安全感。因此弗洛伊德认为：当环境满足了人的口欲需要，婴儿便与母亲建立起正常的母婴或亲子关系，获得安全感，才会在今后的成长过程中对社会产生信任感，从而形成良好的人格。但如果口欲需求受挫，表现为对人充满不安全感，影响成长，人将会出现自卑、自恋的性格缺陷。如果口欲需求过度满足，会出现"口腔性格"的依赖、忌妒等性格特征。

### 2. 自主与羞怯

1岁至3岁的幼儿阶段，称为"肛门期"。

肛门期是指这一阶段的幼儿通过训练，能正常排便而满足舒适的欲望。2岁左右的儿童开始产生巨大的变化，他们的自主意识大为增强，出现"第一次逆反期"。由于这一时期练习适应社会的内容是以社会许可的方式排便，因此，如果父母给予儿童正确的训练，并在此过程中一直保持愉快的心理体验，这一阶段幼儿的心理成长需求就会得到满足，他们会继续保持与他人的亲密关系，表现出良好的自我控制能力，并能够在今后发展与同伴和他人的社会关系。放任不正确的训练，或施以过于强硬的压抑，都会使儿童发展欲望受挫，则会归结为"缺陷人格"，或表现为某种迂腐、偏执的性格特征。

### 3. 进取与罪咎

4岁至5岁的儿童阶段，称为"性器期"。

这一时期儿童的兴趣会转向异性器官，爱恋异性父母，并由此学会与家庭建立起亲密的关系，从而具有对社会生活更广泛的适应性，开始真正向一个"人"转变。他们开始在家庭以外去寻找情感的寄托、生活的内容，于是，他们也开始了对"人"的深入而全面的了解。对"人"深入认识的表现是孩子发现父母亲两种性别之间的爱恋，表现为：男孩需要向父亲模仿，女孩需要向母亲模仿。如果家庭不能给予儿童相关的满足，一是会令"俄狄浦斯情节"压抑在人的潜意识中，从而变成成年后神经症；另一是儿童会缺乏人际关系的正常学习，成年后表现为处理人际关系的无能感。

### 4. 勤奋与自卑

6岁至11岁的儿童阶段，称为"潜伏期"。

一个相对平静的阶段（冬眠），儿童的兴趣投向外界，与同伴的社会关系发展迅速，并奠定了社交关系的基础。

### 5. 自认与迷乱

12岁至20岁的青少年，称为"青春期"。

这一时期儿童进入躯体成熟，并且完成对家庭以外的亲密客体关系的建立过程，使自己的观念同化及适应，达到了自身人格的形成。

## 性格的成熟

荣格认为：性格的发展、形成及变化，一直到成熟，都和人的遗传、环境等因素有着密切的关系。

一般理论都倾向于认为：遗传因素通过气质和智力影响人的性格。在遗传因素的作用下形成的气质，按照自己的活动方式，使性格具有独特的色彩。例如，同样是助人为乐的性格特征，多血质的人在帮助人时动作敏捷、热情溢于言表，而黏液质的人则沉着冷静、情感蕴含在心。气质为人的高级神经活动类型所决定，所以，一开始气质就影响性格形成和发展速度。

不论儿童是由生身父母还是由收养或寄养家庭抚养，他们和生身父母之间在智商上总是有显著的相关。荣格把此归因于遗传对智力的影响。进而言之，智力和性格都受高级神经活动的特性和类型的影响，而智力对人性格形成是有作用的，这作用在人的发展过程中显示出来。人们运用自己的聪明才智，掌握相应的知识和技能，冷静地审时度势，使自己的行为符合客观规律，这样就会促使自己勇于克服困难，在艰难险阻中表现出自觉、大胆、果断和坚毅等良好的性格特征。因此，大凡政治家、发明家、作家、艺术家，虽然从事不同的职业，但他们都兼有高度发达的智力、创造力和优良的性格特征。

性格不但受遗传因素的影响，更为重要的是，环境是性格发展形成的一个决定性因素。环境的作用主要是通过家庭、学校、社会活动以及工作实践来发生效应的。

性格的成熟是相对的，绝对的成熟是不存在的。从人所处环境的变化来讲，性格也有一定变化，但是，除非较大刺激（比如失恋、对自己重要的人发生意外、重大失败或挫折等），一个人的性格一旦形成，就基本稳定了。

# 第三章 影响性格的四大因素

性格对人的一生有着决定性的影响,因为每一个人的性格都是独一无二的,而性格又在有意或无意中支配人的行为,进而形成不同的结局。而性格的形成又受到了先天因素和后天因素的双重影响,使得每一个人的性格都能在成长的过程中随着环境、教育等改造,从而使一个人的内在本质发生质的改变,进而走向性格的完善与成熟。

## 遗传——与生俱来的性格

人类似乎很早就对性格的形成的遗传因素有了一定的认识,我国的很多俗语就有这一方面的十分生动和形象的体现,比如"种瓜得瓜,种豆得豆""上梁不正下梁歪""老鼠的儿子会打洞"等。

从科学的角度来看,性格的形成与发展确实有着极其深厚的生物学根源,遗传素质作为性格形成的自然基础,也为性格的形成和发展提供了必不可少的前提条件。

下面我们着重从四个方面来分析遗传对性格的影响:

第一,一个人的相貌、身高、体重等生理特征,会因社会文化的评价与自我意识的作用，影响到自信心、自尊感等性格特征的形成。

如在一个崇尚以瘦、高、小脸为美的国家里，如果一个人的外表刚好符合这个国家的大众审美标准，那么他/她将成为众人认可、肯定的对象，其自信心和自尊感也会得到大幅度的提升；但如果相反，他/她胖、矮且相貌并不那么出众，他/她就会在一种大众无形的否定中感到自尊心受挫，并产生自卑的情绪。

第二，生理成熟的早晚也会影响性格的形成。一般来说，早熟的孩子爱社交，责任感强，较遵守学校的规章制度，容易给人良好的印象；晚熟的孩子往往凭借自我态度和感情行事，责任感较差，不太遵守校规，很少考虑社会准则。如果任其自由发展，在孩子以后的成长过程中很有可能会出现这样或者那样的问题，甚至引发严重的后果。

第三，某些神经系统的遗传特性也会影响特定性格的形成。这种影响表现为或起加速作用或起延缓作用。这从气质与性格的相互作用中可以印证：开朗型的人比抑郁型的人更容易形成热情大方、积极乐观的性格。

在不利的客观情况下，抑郁型的人比开朗型的人更容易形成胆怯和懦弱的性格特征；而在顺利的条件下，开朗型的人比抑郁型的人更容易成为强者。

第四，性别差异对人类性格的影响也有明显的作用。一般认为，男性比女性在性格上更具有独立性、自主性、攻击性、支配性，并有强烈的竞争意识，敢于冒险；而女性则比男性更具依赖性，较易被说服，做事有分寸，具有较强的忍耐性。这种由性别差异而导致的性格差异在社会的职业角度就有很好的体现，例如，需要细心与耐心的护士、幼教、秘书等工作的从业者一般以女性居多，而需要耐力、独立性、支配性的工作，如工程师、警察等则以男性居多。

遗传固然是性格形成的重要因素之一，但我们不能无限夸大遗传的影响。因为一个人性格的形成，无论是讨人喜欢的性格还是讨人厌烦的性格，除去遗传因素的影响，更多的是后天的家庭、教育及环境的影响，了解了这一点，也就使我们能够更好地培养并完善自己的性格。

## 家庭——为性格打上最初的烙印

当我们降生在这个世界上时，就归属了一个家庭，而且家庭作为每一个人出生后接触到的最初的教育场所，父母双方的性格，父母的教育方式、观念，在家庭中所处的地位及所承担的角色等都对人的性格的最终形成有非常重要的影响。从这个意义上讲，家庭是制造性格的工厂。

### 1. 父母性格的影响

父母个性的相映成趣对孩子个性的形成、发展和丰富具有积极的促进作用。比如父母中有一位是黄胆质气质，另一位是黑胆质或黏液质气质，这样两种个性刚好形成互补，这样的父母一唱一和，松弛有致，孩子就能从父母的言谈举止中感受到家庭的魅力、生活的乐趣、人生的幽默感。生活在这类家庭中的孩子往往会形成乐观、开朗的个性。相反，若是父母的气质类型相同（多血质还好点），要发脾气，两人大动干戈，要温柔起来，两人情意绵绵，家庭环境也形成夏日型环境：一会儿狂风暴雨，一会儿晴空万里。这样的个性组合对孩子个性的形成往往具有消极影响。他们往往对父母的行为感到不知所措，再开朗、乐观的孩子也会变成一副坏脾气，沉默、抑郁、苦恼、少年老成。

此外，父母对孩子个性的影响还表现在父母本身的个性影响力上。一般说来，多血质和黄胆质气质的父母比较能吸引孩子的注意力，这两种"外向型"的气质，极大地影响了孩子的说话方式和行为方式，从而使他们很容易形成类似父母的个性。如果父母性格比较沉郁，孩子在沉寂的家庭环境找不到多少快乐就会把目光投向外界，从周围的环境中寻找欢乐，从而丰富自己的个性内涵，使孩子在未来形成与父母相去甚远的个性。

### 2. 父母的教育方式、观念及态度的影响

在孩子性格的形成过程中，与爱一起发挥重要作用的，那就是教育。教育是一个权威和服从的问题，即父母怎样发挥权威和发挥什么样的权威，以及孩子怎样服从父母的权威。

父母亲的权威，在各个家庭中的表现是各不相同的。有的父母对待孩子比较专制，硬让孩子接受自己的观点，孩子如果不接受，那就非打即骂。与此相反，有的父母一切听从孩子的，孩子要什么就给什么，想怎样就怎样，片面强调孩子应该有自己的自由。有的父母对待孩子态度多变，一会儿大耍威风，一会儿又百依百顺。

不过，研究发现：家长教育观念的正确与否，决定家长对儿童采取何种教育态度与方式，而家长的教育态度与方式又直接影响着儿童的发展，特别是性格的形成与发展。有许多心理学家对父母的教育态度与方式对子女性格的影响进行了研究，其结果表明在父母不同的教育态度与方式下成长的儿童，其性格特点有明显的差异，现概括为下表：

| 父母的教育方式及态度与子女所形成的性格示意表 ||
|---|---|
| 父母的态度与方式 | 相应形成的子女的性格 |

续表

| 1 | 支配性的（命令式） | 依赖性，服从，消极，缺乏独立性 |
| 2 | 溺爱的（百依百顺） | 任性，骄傲，利己主义，缺乏独立精神，情绪不稳定 |
| 3 | 过于保护的 | 缺乏社会性，任性，依赖，被动，胆怯，深思，沉默的，亲切的 |
| 4 | 过于严厉的（经常打骂） | 顽固，冷酷，残忍，独立的；或怯懦的，缺乏自信心、自尊心，盲从，不诚实 |
| 5 | 民主的 | 独立的，协作的，社交的，亲切的，天真的，有毅力和创造精神，直爽，大胆，机灵 |
| 6 | 忽视的 | 妒忌，情绪不安，创造力差，甚至有厌世轻生的情绪 |
| 7 | 父母意见分歧的 | 易生气的，警惕性高的；或两面讨好，好说谎，投机取巧 |

### 3. 在家庭中的地位及角色的影响

孩子在家庭中所处的地位及扮演的角色，也会影响其性格的形成与发展。如父母对子女不公平时，受偏爱的一方可能有扬扬自得、高傲的表现，受冷落的一方则容易忌妒、自卑。

艾森伯格研究认为，长子或独生子比中间的孩子或最小的孩子具有更多的优越感。孩子在家庭中越受重视，其性格发展越倾向自信、独立、优越感强。如果其地位发生变化，原有的性格特征往往会随之产生不同程度的变化。例如，在一个家庭中，由于从童年起姐姐就担当保护和照顾妹妹的责任，那么，姐姐就会处事果断、主动勇敢，而妹妹则较为顺从、被动。再如，一个家庭将儿子当作女儿来对待和教育，那么，这个男孩往往会形成温顺、细腻、柔和的女性化性格。

孩子作为家庭的一分子，在家庭中的地位及角色又会直接或间接地反映到家庭氛围中来。一般来说，在气氛很好的家庭，即父母和子女相互信赖、相互爱护，相处得如同朋友一般的家庭中长大的青年，大多数人的性格表现出沉着稳定，善于适应和独立性强的倾向。而在那些乱七八糟、纷争频频的家庭中长大的青年，则大多数适应性很差，经常会捅出各种娄子来。

　　由以上三方面，我们不难看出家庭对于一个孩子性格的形成具有多么重大的意义。所谓"成功的父母是孩子的明天"，这样的例子在我国历史上并不少见，古代杰出的土木建筑大师鲁班的母亲也是一位出色的木匠，鲁班受其母亲的影响，从小对斧头、锯子等感兴趣。成了大建筑师后，母亲仍是其重要的帮手。每次鲁班用墨斗放线时，母亲就拉着墨线的一端。有一次墨线突然卡在了木缝里，母亲突然得到了启示：如果有一个钩固定在一端将墨线钩住，不就可以腾出手来干别的活了嘛。母亲将想法告诉了鲁班，鲁班很快做好了这种钩，人们为纪念发明家的母亲，就将这个钩称为"班母"。鲁班在其母亲的言传身教下，又相继发明了许多木工工具，这其中有其母亲不小的功劳。

　　在人生的过程中，家庭是子女最早接触的教育环境，父母是子女最早接触的教师，因此父母的性格对子女的性格形成具有潜移默化的影响。

## 教育——重塑你的性格

　　随着孩子年龄的增长，除了早期的家庭为主的教育方式以外，学校作为一种被普遍认同的社会教育方式，将在儿童性格的形成阶段起主导作用。学校将根据某些具体的教育目的对学生施加有目的、有系统、有计划的影响,让学生在日常的学习、生活及其他活动中受到影响。

**1. 班集体的影响**

学校的基本组织是班集体,优秀的班集体会以它正确而又明确的目的、对班集体成员严格而又合理的要求和自身强大的吸引力感染集体成员,充分调动所有成员的主动性、自觉性,从而促进学生良好性格的形成。与此同时,通过同学之间的交往,增强了责任感、义务感、集体主义感,学会了互相帮助、团结友爱、尊重他人、遵守纪律,也培养了乐观、坚强、勇敢、向上等优秀品质。优秀的班集体还可以使学生的一些不良性格得以改变。日本心理学家岛真夫曾挑选出在班集体里的8名学生担任班级干部,并指导他们工作。一学期后,发现他们表现得自尊、有责任心,整个班级的风气也有所改变。

一个好的班集体固然能为孩子形成一个良好的性格提供一个良好的氛围,但对于作为教育的主导——教师来说,他们更是对学生性格的形成起到了直接而关键的作用。

**2. 教师的影响**

教师是直接与学生进行接触的主体,其一言一行都可能对学生产生深远的影响。

放任型:表现为不控制学生的行为,不指导学生学习。学生则表现为无集体意识、无团体目标、纪律性差、不合作。这样的学生往往容易形成散漫、懒惰的性格,若任其发展,最终可能会导致极其不良的放纵性格。

专制型:表现为包办学生的一切学习活动,全凭个人的好恶对学生进行赞誉、贬损。学生则表现为情绪紧张、冷漠、具有攻击性、自制力差。这样的学生往往容易形成依赖、压抑的性格，也很有可能会形成另一面——叛逆的性格，甚至会存有报复心。

民主型：表现为尊重学生的自尊心和人格。学生则表现为情绪稳定、态度积极友好、开朗坦诚、有领导能力。这样培养出来的学生往往具有良好的心态，易形成积极乐观、豁达宽容、坚韧友善的性格，为未来的成功打下基础。

因此，学校的教育对于每一个人的一生来说都是极其重要的，因为人的性格的形成时期恰好是我们在学校接受教育的时期。一个好的学校、好的老师、好的教育体系与教育制度都将对孩子性格的形成产生重大的影响。

## 环境——"时势造英雄"

人生来就不是孤立的，人总是生存在这样或那样的环境中，这个环境就包括自然环境和社会环境，尤以社会环境为主。自然环境对人的性格的形成的影响主要体现在地域、民族两大方面，我们常常会对各地的人进行分析，不同地域的人有着不同的性格。而民族环境不同也会影响到个体性格的不同。而对人的性格起主要作用的社会大环境则更为复杂，想必大家都听过"孟母三迁"的故事，这其中就体现了社会环境对一个人的性格的影响。

孟子（前372—前289），名轲。战国时邹（今山东邹城）人。他主要活动于战国时期的梁惠王、齐宣王时代，是我国古代伟大的思想家、政治家和教育家。

孟子本为贵族后裔，到他父亲那一代，家境衰落了。孟子很小的时候，父亲就得病死了，他是母亲一手抚养大的。孟母是一个有知识、有教养、很能干的女人，一心想把孟子培养成人。

开始，孟子家距墓地很近，他常和邻居的孩子们一起到墓地里去看热闹，也许是看得太多了，他也和小朋友们一起玩起给死人送葬一类的游戏来。孟母知道以后，觉得这种地方不能让孩子来，对孩子的成长没有好处。于是，第二天孟母收拾好家里的东西就搬家了。

他们母子二人搬到一个闹市附近住下来。这个市场人来车往，每天从早到晚叫卖声、吵嚷声不绝于耳，时间一长，孟子又学起那些小商小贩的吆喝声来了。孟母觉得这种环境也不利于孩子成长，便再次搬家。

这回，他们搬到一个学堂附近住下来，那些来学堂读书的人个个斯文，讲礼貌，见面时或作揖或鞠躬。日子长了，孟子就照着那些读书人的样子拿书来读，和人见面时也仿照那些读书人行礼作揖，变得非常懂事有礼貌。孟母看在眼里，喜在心头，觉得这个地方对孟子的成长大有帮助，于是就一直住下。

后来，孟子一天天长大了，到了上学的年龄，孟母就把家中节约下来的钱给他交了学费，送他到学校读书。起初，孟子还很用心读书，可时间长了，就有些松懈了，有时孟子还偷偷逃学，后来被孟母知道了。有一天，天黑了，玩了一整天的孟子回到家里，一进门看到火炉也没有点着火。孟子感到情况有些不大对头，他慌忙低着头准备从母亲背后绕过去回到自己的小屋里。他刚走到屋门口，被母亲厉声叫住了。他见母亲站起身来，满脸气愤，又走到厨房拿出一把菜刀朝织布机上的布唰地一下砍了下去，将那块还没有织好的布一下子砍成两截。孟母用颤抖的手指着被砍断的布对孟子说道："你也太没出息了！一个人如果没有志气，做什么事总是半途而废，跟这没织好的布有什么区别呢？假若你再逃学，不求上进，我就不要你了。"孟母说得很伤心，并掉下泪来。孟子是个孝子，他最怕母亲伤心难过。他知道自己做错了,急忙认错并保证今后一定努力学习,不惹母亲生气。从此以后,孟子发奋苦读,博览群书,终于成为志向远大的学者,名扬四方。

试想:倘若孟母不注重环境对孩子性格的影响,不曾三次搬家,可能孟子今天就不会写在历史书上了,他也许会是一个沿街叫卖的小商小贩,也就更不会有影响中国2000多年的思想精华。因此,一个良好的环境对一个人的性格的形成具有重大的作用,我们每一个人都应该注重环境的改造,使之能更加有利于造就和发展每一个人的良好性格。

生活中还有许多环境影响性格的例子:贫苦人家的孩子懂事早,比别的同龄孩子早成熟,这是由于"穷人的孩子早当家";某些才能卓越的孩子是由于他们自小就生活在一个有助于他们发展特殊才能的家庭环境中。如天才的音乐家莫扎特,他出生在奥地利的一个富裕家庭,他的父亲就是一位音乐教师,并且从小就受到了来自家庭的良好的音乐熏陶,进而让他对音乐产生了浓厚的兴趣,并最终成为有名的音乐家。

生活中,我们可能还有这样的经验,那就是一个从小生活在优裕环境中的人,由于他从来不为一些日常小事发愁,所以容易形成一种大度豁达的性格,不会斤斤计较,且有一种包容的气度。在书香门第中长大的孩子,举手投足之间都会透出一种文雅的气质,农村来的孩子其性格中的朴实与憨厚也是掩盖不住的。有良好家教的孩子待人接物有礼有节,对待老人尊敬有加;相反,从小娇生惯养的孩子则可能显得骄横跋扈。这些都是环境对人的性格产生作用的有力实证。

因此,创建一个良好的生存环境对我们形成、改造、完善自身的性格是必要的,一个好的环境能影响一个人一生的性格。

# 第四章 性格分类

把性格分为外向型和内向型，是根据瑞士心理学家卡尔·古斯塔夫·荣格的学说来区分的。荣格在谈论人的性格时，认为每个人都有一种"精神的能量"。如果这种精神的能量所处的趋向是向外的，产生性格则为外向性；如果这种精神的能量趋向是向内的，产生性格则为内向性。这就形成了外向型和内向型性格。

## 性格的两种基本分类：内向型和外向型

这两种相反的倾向常常同时存在于一个人的性格中。哪一种是优势，则外在表现为哪一种。例如：有的人一向开朗活泼，社交广泛，善于言谈，总是人群中的核心人物，但偶尔在几个人的时候，他会很沉默。我们并不能因为他偶尔的沉默而否定他开朗的性格。

尽管在不同环境里可以表现出性格的不同侧面，它仍然不会背离一个人的主导性格。

性格是一个人内在特质和外在行动的综合表现，也是一个人区别于其他人的本质特征之所在。

一般来说，性格内向的人能够独立自主，对工作认真负责，能按照自己的想法去做事，不轻易以偏概全，不冲动行事；在与外界交往的过程中，注重事物的内在变化。但也有不足之处，他们对外在环境了解不多，常常掩饰自己，易被他人误会，不喜欢工作被打断。这类人适合做钢琴师、诗人、心理学家。性格外向的人善于利用外在环境资源，乐于与他人交往，个性较开放，属于行动派，易被他人所了解。其不足之处是，不够独立，喜欢变化，比较浮躁。这类人适合做导游、公关。

其实不管是外向型，还是内向型，都可以成为一个优秀的人。下面进行一项测试，看你是属于哪一类型的人。

以下是测试你是属于内向型性格还是外向型性格的试题，请根据自己的实际情况做出回答，符合的则在该问题后面的括号内画"√"，难以回答的则画"△"，不符合的则画"×"。

1. 你与观点不同的人也能友好往来。（  ）
2. 你读书较慢，力求完全看懂。（  ）
3. 你做事较快，但较粗糙。（  ）
4. 你不敢在众人面前发表演说。（  ）
5. 你能够做好领导团体的工作。（  ）
6. 你常会猜疑别人。（  ）
7. 受到表扬后你会工作得更努力。（  ）
8. 你希望过平静、轻松的生活。（  ）
9. 你经常分析自己、研究自己。（  ）
10. 生气时，你总是不加抑制地把怒气发泄出来。（  ）
11. 在人多的时候和其他场合你总力求不引人注意。（  ）
12. 你不喜欢记日记。（  ）
13. 你待人总是很小心。（  ）
14. 你是个不拘小节的人。（  ）

15.你从不考虑自己几年后的事情。（  ）

16.你常会一个人想入非非。（  ）

17.你喜欢经常变换工作。（  ）

18.你常回忆自己过去的生活。（  ）

19.你喜欢参加集体娱乐活动。（  ）

20.你总是三思而后行。（  ）

21.你肚里有话憋不住,总想对人说出来。（  ）

22.你常有自卑感。（  ）

23.你不大注意自己的服装是否整洁。（  ）

24.你很关心别人对你有什么看法。（  ）

25.和别人在一起时,你的话比别人多。（  ）

26.你喜欢独自一个人在房内休息。（  ）

27.你的情绪很容易波动。（  ）

28.你用金钱时从不精打细算。（  ）

29.对陌生人你从不轻易相信。（  ）

30.你几乎从不主动制订学习或工作计划。（  ）

31.你不善于结交朋友。（  ）

32.你的意见和观点常会发生变化。（  ）

33.你很注意交通安全。（  ）

34.看到房间里杂乱无章,你就静不下心来。（  ）

35.旁边有说话声或广播声,你就无法安静下来学习。（  ）

36.你讨厌工作时有人在旁边观看。（  ）

37.你始终以乐观的态度对待人生。（  ）

38.你总是独立思考问题。（  ）

39.你不怕应付麻烦的事情。（  ）

40.你的口头表达能力还不错。（  ）

41.你是个沉默寡言的人。（  ）

42.在一个新的环境里你很快就能适应了。（　）

43.要你同陌生人打交道，常感到为难。（　）

44.你常会过高地估计自己的能力。（　）

45.遭到失败后你总是忘不了。（　）

46.你很注意同伴们的工作或学习成绩。（　）

47.比起读小说和看电影来，你更喜欢郊游与跳舞。（　）

48.买东西时，你常常犹豫不决。（　）

49.你喜欢和小动物在一起胜过与人在一起。（　）

50.你很容易去原谅别人。（　）

**计分方法：**

题号为奇数的题目（如1，3，5，7……），答案为"√"各计2分，答案为"△"各计1分，答案为"×"各计0分；题号为偶数的题目（如2，4，6，8……），答案为"√"各计0分，答案为"△"各计1分，答案为"×"各计2分。最后把各题分数相加，再查评分表，你就可以了解你的性格属于哪种类型了。

**计分结果：**

1.0～19分，性格内向型。

2.20～39分，性格偏内向型。

3.40～59分，性格中间型。

4.60～79分，性格偏外向型。

5.80～100分，性格外向型。

一般而言，内向型的人通常比较自恋、感情丰富、第六感发达，为人处世多半会先想到自己，用自己的想法解释外界事物。有时因不善与人沟通协调，不愿意对别人让步，其结果会使得他们与众人形成对立。只有少数几个知心的人能够理解他们。

当然，这种类型的人在适应现实社会上，会有许多困难，他们多半不喜欢社交，朋友很少，甚至有逃避社会的倾向，对他们而言，外在的人群社会总是使他们无法接受或感到不安的。这种类型的人只能在自己熟悉的环境下才能过得舒服愉快。因此，他们交往的范围非常狭窄，只局限于少数亲近的人。

总体上而言，内向型的性格一般都具有一些共同的特征，例如：重视主体性与自我、在乎自己的习惯与想法、不喜欢追随别人的想法、喜欢自我反省、欠缺果断、经常犹豫不决、需有较多的时间才能适应新环境、经常钻牛角尖地思考、放不开、不习惯与陌生人接触、对周围环境的变化观察敏锐、与人交往时倾向于采取被动的姿态、不容易结交新朋友、交友范围狭窄、亲密的朋友则深交、不希望参加社交活动、只有在很亲近的朋友面前才能放得开。

而所谓"外向"，是指思考总是开放式的，喜欢与人交往。因此，外向型的人多半会关心周围的人和事物，并尝试着去掌握环境与事物的变化，是属于掌握外在且比较有行动力的类型。

对于这种类型的人而言，最重视的无非是别人怎么看待自己，以及自己如何表现才符合别人的愿望与期待。

但由于全身心只放在别人与外界上，自己内心的想法与需求便被有意无意地忽略或压抑下来，久而久之，甚至不了解自己有什么欲望或心理需求。这让他们往往没有主见，容易随波逐流。这类型的人比较易受外界条件的制约。

外向型的人由于总是把眼睛放在别人身上，因此能迅速注意并了解外界变化，采取相应措施，因此，人与人之间大多能协调，很少发生冲突或不安。不仅如此，他们能关心别人，积极地参与团队与组织活动，而且很容易被别人接受。

能够适应别人、参与团队是这类人的特长。但有时太重视与别人的协调，也会有迷失自己的危险。这也正是性格外向型的人需要引起注意的地方。

外向型性格的人特征如下：能随不同场合调整自己的态度与行动方式、能经常保持对周围事物变化的注意、遇到谈得来的人就开诚布公地交往、容易接纳别人、自己一个人独处容易不安、行动快速但思考不深、很容易仓促地做决定、能迅速适应新环境、常未经评估就采取行动、喜欢积极地表达对别人的关怀、与人交往没有棱角、容易接受、社交范围广、朋友众多但容易流于泛泛之交、在人多的地方之中不会感到不安或陌生、喜欢参加社交活动。

人的性格没有好坏、优劣之分，正如外向型性格和内向型性格都各有各的优势和劣势。如外向型的人不断以各种方式充实自己；内向型的人则习惯于保持自己的能量，一般有抵御外界要求的倾向。

但总体来说，一般认为外向型的人比内向型具有较强的优越感；内向型的人比外向型的人自卑，内心有种被压抑的感觉。但性格有发生改变的可能性，因此，对于我们而言，不管我们是内向型性格还是外向型性格，只要我们发挥自身的性格优势，改正和弥补性格劣势，就一定能打造出完善的性格，从而使我们的人生更加顺利。

## 四种典型性格分类

19世纪后半叶到20世纪初期，开始出现了以气质为标准来对性格进行分类的学说。被认为是近代心理学之父的恩特将人的情绪反应以"强与弱""快与慢"等二元对立的方式，配合四种气质说，道出如下的模式：情绪反应弱而快是"阳刚的多血质"；情绪反应弱而慢的是"平淡的黏液质"；情绪反应强而慢的是"忧郁的黑胆质"；情绪反应强而快的是"急躁的黄胆质"。

这四种气质的特征如下：

### 1. 多血质

轻率、活泼、好事、喜欢与人交往、面对困难不会退缩，以及不会记恨。很容易答应别人的事情，也很容易忘了约定。有面对困难的勇气，但看事情不妙，也会开溜。能够调整自己的喜怒哀乐，随时保持心理平衡与往前冲刺的状态。一旦成功或受别人赞赏，就乐不可支……

多血质人大多是活跃的积极分子，在人际交往中，他们气质上率直坦诚的特征总是直接地表现，这可能会伤害一些人，但更能赢得许多朋友。而且他们在激烈竞争的社会中，在瞬息万变的情况下，能够施展出自己的才干。他们是充满自信的人，他们有活动能力，而且会越来越强。

所以从一定意义上说，多血质人对所有的职业都具有适应性。重大局、不贪小利、不感情用事等，这都是多血质人在气质方面的长处，他们具有较突出的外向性格，适应社交性强的工作，如政治家、外交家、商人、律师等。

### 2. 黏液质

安静、漫不经心、散漫、邋遢、好饮食等。相对于黄胆质的人一受刺激就哇哇大叫，黏液质的人则反应非常迟钝或冷淡。不过，虽然反应及行动缓慢，这类人通常诚实且值得信任。由于个性平淡，工作缓慢，所以不太容易紧张。

黏液质的人是具有一定领袖气质的人。他们的直觉敏锐，善于处理错综复杂的人事关系，是一个不容忽视、深孚众望的、具有强烈个人魅力的人。他们大多数都能很好地利用协调性、积极性、社会性及感情稳定性表现自己的才能，发挥出卓越的能力，而且不论地位高低，都能在各自的行业中占有重要位置。因此，在实际工作岗位上，黏液质的人多数表现为精明强干。如出色的公务员、有才气的作家、头脑明晰的银行家等。但是，黏液质的人的职业选择范围不广，可以说很窄。尽管如此，他们却活跃在广泛的领域里。与多血质一样，他们对工作岗位的适应性也很强，最适合于他们的工作岗位是策划及一般事务一类。

### 3. 黑胆质

这类型的人比较趋向于稳重、沉郁，经常只看到人生的黑暗面。他们多半避免送往迎来的交际活动，也不喜欢和外向活泼的多血质人在一起。甚至看到别人欢天喜地乐不可支时，反而会不高兴。这类人一遇到困难常常心理失去平衡，一旦心情不高兴，便久久无法恢复正常。

黑胆质的人不擅长与人交际，不擅长与陌生人交谈。但是面对熟悉的、亲密的人，面对知己，他们会出人意料地展现他们内心真实的一面。而另一方面，抑郁质的人积极认真，努力向上，毫不懈怠，懂得埋头苦干，无论对什么职业都能一丝不苟。

因此，黑胆质的人在学者、教育家、研究人员、技术人员、医师等比较内向的职业领域里，有较强的适应性。

### 4. 黄胆质（胆汁质）

对于情绪的刺激非常敏感，意志力衰弱，易动摇，没有耐心，情绪忽冷忽热。他们做什么事都是3分钟热度，这类型的人不喜欢被压抑，喜怒哀乐表现得非常明显。不过，他们不论悲伤或愤怒都来得快、去得也快。一般而言，这类型既热心也有爱心，做事情很有爆发力。

胆汁质的人开朗、热情，他们一般都是自来熟，但他们一般不愿在陌生人面前出现，他们只愿和相互了解的人往来，并保持真诚相待。

他们最大的气质特征是外向性、行动性和直觉性。因此，在政治家、外交家、商业家、作家、记者、设计师、实业家、护士等比较外向的职业领域里，胆汁质的人有适应性。另外，在体育界，胆汁质的人也比较活跃。

# SMCP 性格分类

## 1. 活泼型性格（S）——外向、多言、乐观

活泼型性格的优点很多，具备这种性格的人通常待人热情、性情奔放、豪迈、幽默、真诚而能言善辩。同时，他们富于浪漫情怀，天生喜欢乐趣，喜欢和人在一起。他们天生具有表演的天才，能把所有人的目光像吸铁石一样吸引过来，不管什么场合，他们永远都是人们瞩目的焦点。他们也很情绪化，感情外露；对任何东西都有着强烈的好奇心，这样就使得他们经常略显孩子气，即使年龄偏大也依然童心未泯，但这并不表示他们对工作没有热情。

活泼型性格的人在工作上也有很高的热情，工作态度很主动，好奇的性格特征使得他们在工作上富有创造性，充满干劲，同时他们热情的性格又会使他们在工作中与同事和谐相处。他们永远精力充沛、活力四射，总是自告奋勇地去做每一件事情，他们从不吝啬赞扬别人，永远学不会记恨；与人发生不愉快时，他

们很快就会主动向别人示好,所以他们容易交上很多朋友。活泼型性格的父母在与孩子相处中更是如鱼得水,他们把自己的孩子看作是自己的朋友,这也让孩子们感到轻松,从而愿意与父母一起分享他们的小秘密。

活泼型性格的人总会用他们的热情和幽默带给我们欢乐;当我们心力交瘁时,他们会带给我们轻松。活泼型性格的人永远是最受欢迎的人。

但是,活泼型性格的人也有其本身所固有的缺点,他们虽然健谈,但通常也会总是唧唧喳喳地说个不停。而且,他们在描述一件事情的时候,总是喜欢"添油加醋",似乎不说得夸张点就表达不出事情的真相。虽然他们喜欢表现自我、展示自我,但也容易以自我为中心,往往把自我放在第一位,对自己的故事津津乐道的同时常常忽视别人的感受。而且这种活泼型性格的人因其活泼好动、没有耐性的本性而养成了记忆力不好的坏毛病。他们对数字毫无概念,所以他们通常都记不住别人的电话号码和别人的名字。

活泼型的人由于性格开朗,喜欢结交朋友,因而他的朋友是很多的。但也正因为如此,活泼型的人交朋友大多随兴而至,朋友虽多,但真正称得上知心的朋友却很少。

而且,活泼型的人做事情总是很有激情地开始,但往往以没有结束而告终,这是阻碍活泼型性格的人成功的最大敌人。

### 2. 完美型性格(M)——内向、思考、悲观

完美型性格的人与活泼型性格的人可以说是两个不同的极端。完美型性格的人在情感方面很冷静,他们不会像活泼型的人一样情感外露,相反,他们深思熟虑、善于分析。但这并不是说他们不喜欢与人相处,只是他们对任何事情都有自己的一套标准,而且对任何事都严肃认真;他们要求事情做得有条不紊,喜

欢清单、表格、数据，追求准确，有很强的责任心。

完美型性格的人在工作上喜欢预先做详细的计划，一旦开始工作就完全投入，有条理、有目标地完成，善始善终，永远不会中途放弃。而且他们很懂得善用资源，勤俭节约，讲求经济效益，用最合理的方法解决问题。他们对自己和别人都要求很高，他们注重生活细节，对生活环境很讲究，十分爱卫生、干净，将事情安排得井井有条。

在交友上，完美型性格的人和活泼型性格的人可以说是截然相反。完美型性格的人选择朋友很谨慎，他们的朋友不会很多，但只要是他们的朋友，一般都是十分知心的，能真诚相对、相互关心。而且他们善于聆听抱怨，积极帮助朋友解决问题。在选择配偶的问题上，他们也追求完美，有着近乎苛刻的标准。完美型性格的父母对孩子有着很高的要求，他们不会像活泼型性格的父母那样把孩子看作自己的朋友，他们希望自己的孩子很出色，因此，他们一般对待孩子都较严厉。

由于完美型性格的人善于分析、勤于思考，并且制订相关的计划，目标明确，善始善终，并且高标准、严要求，因此，从某种角度来说，完美型性格的人是离成功最近的人。这也正如亚里士多德说："所有天才都有完美型的特点。"

当然，任何性格都不是完美的，完美型的性格也存在自身的不足，由于他们不想让自己太激动，很难让人看出是喜是悲。他们总是显得很阴沉，没有活力，使身边的人也觉得很沉闷。由于他们过分地注重细节，并且非常敏感，在现实生活中，他们极易受到伤害。与此同时他们又具有悲观主义的人生观，对自己和他人及一切事物的要求非常之高，这往往带给他们身边的人巨大的压力，从而他们对自己也过分苛刻。正因为他们的完美主义倾向，他们总是得不到满足，内心十分痛苦，并且缺乏安全感。

### 3. 力量型性格（C）——外向、行动、乐观

具有力量型性格的人天生就具有领导者的气质，在工作上他们总是显得精力充沛，充满自信；他们意志坚决、果断，一旦认准目标就绝不放弃；他们不易气馁，总是信心百倍地将事情继续下去，并且不允许有任何的差错；他们是天生的工作狂，有很强的行动力，设定目标后，就迅速地将全部身心投入到工作中。同时，力量型性格的人善于管理，能综观全局，知人善任，合理地委派工作，寻求最实际、最合适的解决问题的方法。

在交友方面，由于这种性格的人总是自信满满，而且特立独行，再加上他们天生的领导才能，所以他们往往不大需要朋友；另外，由于他们自信的本性，他们往往有点自以为是，听不进别人的意见，所以不大容易交上朋友，因为没人能容忍他们自大的秉性。力量型性格的父母在家庭里可以说是个独裁者，他们说一不二，设定目标，督促全家人行动，像一个领导者一样有条不紊地管理着整个家庭的日常事务。

力量型性格的人永远充满动力，他们会充满理想，勇于攀登高不可攀的顶峰。这些性格特质往往使他们在自己所选择的职业中达到顶峰。

力量型性格的人正因为力量太强，所以总想控制别人，这会造成许多人的反感。而且，他们永远高高在上，俯视别人的生活，爱指使别人，认为不用他们的方法看待事物的人都是错误的，别人若是犯一点点的错误，他们便不能接受。所以他们希望身边的每个人都听他们的指示，受他们的支配。最让人忍受不了的是：他们从来都不会主动道歉，即使他们错了，他们也由于过分自信而拒不道歉，在他们的眼中，错误是不可能发生在自己身上的。

### 4. 和平型性格（P）——内向、旁观、悲观

和平型性格的人在情感方面显得很低调，总是一副很平和、镇静、坦然自若的样子，对任何事情都很有耐心，对任何情况都能适应。他们性情善良，总是善于隐藏自己内心的情绪，总能平静地接受命运的安排；他们很细心，做任何事情都很周到，绝对不会让别人受到冷落；他们有着一成不变的生活模式，在工作上他们也喜欢从事自己很熟悉或者很熟练的工作，不会轻易变换工作；由于与他们相处没有任何压力，因此，他们具有很强的亲和力；他们善于调节问题，有一定的行政能力，不是雷厉风行的领导者，但绝对是平和、给人亲切感觉的、可信任的上司。

在交友方面，由于他们是很好的倾听者，对朋友有爱心，所以他们有很多的朋友。但与活泼型性格的人不同的是，和平型性格的人永远是付出较多的一方，他们喜欢静静地站在一旁给处于逆境中的朋友中肯的建议；这让其他性格的人都愿意找和平型性格的人做朋友。和平型性格的父母可以说绝对是好父母，他们对待孩子不急不躁，很有耐心，他们不容易生气，对于孩子的错误他们也很宽容。

但是，和平型性格的人最大的缺点是没有主见。他们往往因为害怕对事情负责而拒绝做决定，而且他们对任何事情总是显得没有魄力和热情，因为他们害怕变化的结果可能会更糟而宁愿保持现状。也正是因为他们一成不变，因此，他们往往缺乏创新，对自己承诺的事也不会特意花时间去做。

由于他们的性格让他们不愿去伤害别人，因此，他们总是会去做他们并不喜欢的事情，在别人眼里永远是一个"老好人"。但事实上，他也将违背自己的意愿。

可以说，活泼型、完美型、力量型和和平型这四种性格无好坏优劣之分，各有各的优点和缺点。而且，这四种性格之间相互

补充，都能积极发挥各自性格的长处，用别的性格的长处来弥补自身性格的短处则会产生意想不到的良好效果。

## 红、蓝、黄、绿四色性格分类

随着性格研究的不断深入，在SMCP四种性格分类后，又出现了与此相关的用色彩来对性格进行分类的方式，但这并不是近代人的发明创造，而是根据卡尔·古斯塔夫·荣格的研究进行升华的结果。做以下30道测试题，你将知道你是哪种色彩的性格。请在符合你的选项上打"√"，均为单选，每题计1分。

1.你如何看待你的人生：
 A.希望能够有尽量多的人生体验，所以一般会有多元化的想法。
 B.在小心合理的基础上谨慎确定目标，一旦确定就会坚定不移地去做。
 C.取得一切有可能的成就。
 D.宁愿剔除风险而享受平静或现状。

2.你会如何选择下山路线：
 A.好玩有趣的新路线。
 B.安全第一，原路返回。
 C.有挑战性的新路线。
 D.怕麻烦，原路返回。

3.通常在表达一件事情上，你更看重：
 A.说话给对方留下的强烈印象。
 B.说话表述的准确程度。

C.说话所能达到的最终目标。

D.说话后周围的人是否觉得舒服。

4.你的内心更倾向于:

A.刺激。

B.安全。

C.挑战。

D.稳定。

5.你觉得你的情感更倾向于:

A.情绪多变,经常波动。

B.表面上自我控制能力强,但内心感情起伏极大,一旦挫伤便难以平复。

C.感情不拖泥带水,较为直接,只是一旦不稳定,容易激动和发怒。

D.很难有情绪的波动。

6.你认为你的控制欲:

A.没有控制欲,一般只有感染带动他人的欲望,且自控力不强。

B.用规则来保持你对自己的控制和对他人的要求。

C.内心有较强控制欲和希望别人服从你的欲望。

D.不会有任何兴趣去影响别人,也不愿意别人来管控你。

7.你在与情人交往时更注重:

A.兴趣上的相容,一起做喜欢的事情。

B.思想上的相容,体贴入微,对他的需求很敏感。

C.智慧上的相容,与别人沟通重要的想法,客观地讨论、辩论事情。

D.和谐上的相容,包容理解另一半的不同观点。

8.在人际交往时,你:

A.可以快速建立起友谊和人际关系。

B.非常审慎缓慢地进入，一旦认为是朋友，便长久地维持。

C.希望在人际关系中占据主导地位。

D.顺其自然，相对被动。

9.你觉得你是一个怎样的人：

A.感情丰富的人。

B.思路清晰的人。

C.办事麻利的人。

D.心态平静的人。

10.通常你完成任务的方式是：

A.赶在最后期限前突击完成。

B.自己认真地做，不主动寻求别人的帮助。

C.很早就快速完成。

D.使用传统的方法，需要时从他人处得到帮忙。

11.当别人惹恼你时：

A.虽然受伤，但最终很多时候还是会原谅对方。

B.感到愤怒，不会轻易忘记，同时以后完全避开那个家伙。

C.会火冒三丈，并且内心期望有机会狠狠地报复。

D.表面上似乎什么也没发生，内心将他踢出朋友的名单。

12.你最在意下列哪项：

A.得到他人的赞美和欢迎。

B.得到他人的理解和欣赏。

C.得到他人的感激和尊敬。

D.得到他人的尊重和接纳。

13.你在工作中会是个怎样的人：

A.充满热忱，有很多的想法和创意。

B.心思细腻，完美精确，认真可靠。

C.坚强而直截了当。

D.有耐心,适应性强而且善于协调。

14.你过往的老师最有可能对你的评价是:

A.情绪起伏大,善于表达和抒发情感。

B.特立独行,有时会显得孤独或是不合群。

C.动作敏捷又独立,喜欢独立做事情。

D.看起来安稳轻松,性情随和。

15.朋友对你的评价最有可能的是:

A.喜欢对朋友述说事情,有较强的说服力。

B.总是提出很多问题,而且需要许多有说服力的解释。

C.直言表达想法,有时会直率而犀利地谈论讨厌的人、事、物。

D.通常是多听少说。

16.你怎样去帮助他人:

A.有求必应。

B.值得帮助的人才帮助。

C.不轻易承诺,一旦承诺则遵守不移。

D.往往是心有余而力不足。

17.你面对别人的赞美会:

A.有没有都无所谓,特别欣喜也不至于。

B.不喜欢那些无关痛痒的赞美,宁可他们欣赏你的能力。

C.有点怀疑对方是否真诚或者立即保持低调。

D.来者不拒。

18.你如何看待你的现状:

A.你觉得自己这样还不错。

B.这个世界不进则退,所以你需要不停地前进。

C.在问题未发生之前,就应该尽量想好所有的可能性。

D.快乐最重要。

19.你如何看待规则：

A.不愿违反规则，但可能因为松散而有时无法达到规则的要求。

B.打破规则，希望由自己来制定规则。

C.严格遵守规则，并且竭尽全力做到规则内的最好。

D.不喜欢被规则束缚。

20.你认为自己在行为上的基本特点是：

A.慢条斯理，办事按部就班，能与周围的人协调一致。

B.目标明确，集中精力为实现目标而努力，善于抓住重点。

C.慎重小心，为做好预防及善后，会不惜一切代价，尽心操劳。

D.丰富跃动，不喜欢制度和约束，反应迅速。

21.你如何面对压力：

A.化解压力。

B.压力越大，动力越大。

C.将压力藏在内心慢慢融化。

D.本能地回避压力，回避不掉就用各种方法来宣泄出去。

22.当结束一段刻骨铭心的感情时，你会：

A.刚开始非常难受，但时间会冲淡一切的。

B.虽然觉得受伤，但一旦下定决心，就会努力把过去的影子甩掉。

C.深陷在悲伤的情绪中，在相当长的时期里难以自拔。

D.痛不欲生，找渠道发泄。

23.你如何面对他人的倾诉：

A.认同并理解对方感受。

B.做出一些定论或判断。

C.给予一些分析或推理。

D.发表一些评论或意见。

24.你在以下哪个群体中较感满足：

A.心平气和最终大家达成一致结论的。

B.彼此展开充分激烈辩论的。

C.详细讨论事情的好坏和影响的。

D.随意无拘束地自由散漫的。

25.你如何看待你的工作：

A.希望没有压力，追求持久的工作。

B.应该以最快的速度完成，且争取去完成更多的任务。

C.要么不做，要做就做到最好。

D.只想做喜欢的事。

26.如果你是领导，你内心更希望在部属心目中，你是：

A.亲近的和善于为他们着想的。

B.有很强的能力和富有领导力的。

C.公平公正且足以信赖的。

D.被他们喜欢并且觉得富有感召力的。

27.你希望别人怎样认同你：

A.无所谓别人是否认同。

B.精英群体认同最重要。

C.只要我认同的人或者我在乎的人认同就可以了。

D.希望得到所有大众的认同。

28.当你还是个孩子的时候，你：

A.不太会积极尝试新事物，通常比较喜欢旧的和熟悉的。

B.是孩子王，大家经常听我的决定。

C.害怕见生人，有意识地回避。

D.调皮可爱，在大部分的情况下是乐观而又热心的。

29.你觉得你会是个怎样的父母：

A.不干涉子女或者容易被说动的。

B.严厉的或者直接对孩子加以管理的。

C.用行动代替语言来表示关爱或者高要求的。

D.愿意陪伴孩子一起玩的。

30.你最认可下列哪组格言：

A.最深刻的真理是最简单和最平凡的。要在人世间取得成功必须大智若愚。好脾气是一个人在社交中所能穿着的最佳服饰。知足是人生在世界上最大的幸福。

B.走自己的路，让人家去说吧。虽然世界充满了苦难，但是苦难总是能战胜的。有所成就是人生唯一的真正的乐趣。对我而言，解决一个问题和享受一个假期一样好。

C.一个不注意小事情的人，永远不会成就大事业。理性是灵魂中最高贵的因素。切忌浮夸铺张，与其说得过分，不如说得不全。谨慎比大胆要有力量得多。

D.与其在死的时候握着一大把钱，还不如活着时活得丰富多彩。任何时候都要最真实地对待你自己，这比什么都重要。使生活变成幻想，再把幻想化为现实。

将你所打"√"的选项分别计分，按照下列提示进行计分：

| 前 1~15 题合计数 |
|---|
| A的数量（  ） |
| B的数量（  ） |
| C的数量（  ） |
| D的数量（  ） |
| 共计：15 |

| 后 16~30 题合计数 |
|---|
| A的数量（  ） |
| B的数量（  ） |
| C的数量（  ） |
| D的数量（  ） |
| 共计：15 |

然后将两边的数目按下列方式进行相加，这样便得出你的性

格色彩得分：

```
红色：前A+后D的总数（  ）
蓝色：前B+后C的总数（  ）
黄色：前C+后B的总数（  ）
绿色：前D+后A的总数（  ）
总计：30
```

在整个测试中，总分中数目最大的字母代表你的核心性格，其他字母的分数则代表你整个性格中组合的整体比例，哪个字母的得分越高，表示你的性格组合中该性格的主导性越强。

## 1. 红色性格

可以说红色类型的人是四种性格中最有魅力的一种性格，他们总是以一种活泼外向的面貌示人，并且开朗、乐观、热情，喜欢成为公众的中心。他们往往有很多新奇的设想和主意，热衷于与别人交谈，特别是谈他们自己。其特点是好奇心重、天真、风趣滑稽、喜欢开玩笑，甚至是恶作剧、不拘小节，丢三落四，"务虚"长于"务实"，处事短于为人。

红色类型的人能说会道且乐此不疲，但通常就是纯粹聊天。他们是自然流露的乐天派，开朗豪爽、喋喋不休，但很少直截了当和咄咄逼人。

他们是一些讲故事的行家，在四种类型中，他们的声音是花样最多的，而且在他们表白个人的感情时，音调会有相当复杂的变化。他们说话可能总有一点演话剧的味道，语速快，而且常常是声音很大。"看看我!我是多么与众不同"，是你经常能从他的话里听到的潜台词。

这种性格的人很讨人喜欢，他们总是能给人带来快乐，只要有他们在的地方，就会有欢声笑语。

理查德·费曼就是一个这样的人。

理查德·费曼是美国加州理工学院物理系教授，任教约40年。20世纪30年代在普林斯顿大学毕业后，随即被征召加入制造原子弹的曼哈顿计划。费曼生性好奇，在严密的保安系统监控之下，他以破解安全锁自娱。取得机密资料以后，留下字条告诫政府小心安全。

费曼被戴森（《全方位的无限》及《宇宙波澜》的作者）评为20世纪最聪明的科学家，他的一生多姿多彩，从没闲着。他在理论物理上有巨大的贡献，以量子电动力学上的开拓性理论获诺贝尔物理学奖，在物理界享有传奇性的声誉，他的轶事也被传诵一时。他爱坐在酒吧内做科学研究，当那酒吧被控告妨碍风化而遭到取缔时，他上法庭为酒吧老板做证辩护。

物理学家拉比曾说："物理学家是人类中的小飞侠，他们从不长大，永葆赤子之心。"理查德·费曼永不停止的创造力、好奇心使他成为天才中的小飞侠。

《别闹了，费曼先生》这本书是理查德·费曼的一本自传。书中的共同著作人拉夫·雷顿这样评价费曼：

在长达7年的时间里，我跟费曼经常在一起打鼓，共度了许多美好时光，本书所收集的故事，就是这样断断续续地从费曼口中听来的。

我觉得这些故事都各有其趣，合起来的整体效果却很惊人：在一个人的一生中居然会发生这么多神奇疯狂的妙事，简直有点令人难以置信，而这么多纯真、顽皮的恶作剧全都由一人引发，实在令人莞尔、深思，也给我们带来无限启发和灵感！

事实上，《别闹了，费曼先生》整本书就是描写一个红色性格的"成年顽童"所做的所有好玩的事!让我们来看看费曼念书的时候有多顽皮：

> 我们也常常为邻近的小孩表演魔术——利用化学原理的魔术。我这朋友很会表演，我也觉得那样很好玩。我们在一张小桌上表演，桌子两端各有一个本生灯，上面放了盛着碘的小玻璃碟子——表演时，它们冒出阵阵美丽的紫烟，棒极了!
>
> 我们玩了很多花样，像把酒变成水，又利用化学颜色变化等来表演。压轴是我们自己发明的一套戏法。我先偷偷地把手放在水里，再浸入苯里面，然后"不小心"地扫过其中一个本生灯，一只手便烧起来。我赶忙用另一只手去拍打已着火的手，两只手便都烧起来了（手是不会痛的，因为苯烧得很快，而皮肤上的水又有冷却作用）。于是我挥舞双手，边跑边叫："起火啦!起火啦!"所有人都很紧张，全部跑出房间，而当天的表演就那样结束了!

总之，红色性格的人就是这样：让你欢喜让你忧，让你爱也让你恨。

遇到麻烦时带来欢笑，身心疲惫时让你轻松。
聪明的主意令你卸下重负，幽默的话语使你心情舒畅。
希望之星驱散愁云，热情和精力无穷无尽。
创意和魅力为平凡涂上色彩，童真帮你摆脱困境。

### 2. 黄色性格

黄色类型的人个性固执而刚毅，自我感觉良好，充满自信，勇于挑战，遇事善做决断，果敢而不畏风险，然而他们最缺乏耐心，心有所动则溢于言表。那些常常喜欢坐在桌子上发号施令的人，很可能就是黄色类型的人。

"她的衣着充满着强烈的色彩……言语中流露出不可阻挡的

说服力、出类拔萃、坚定、果断、强硬、挑战、强烈抗议……"这是美国《时代周刊》的一篇文章,描写的是美国前国务卿奥尔布赖特。也许我们还没亲眼见过这位女国务卿,可是从这篇文章的描述来看,我们已经可以基本确定,奥尔布赖特在公众前的大部分表现可能属于黄色特征。

不仅奥尔布赖特是黄色的性格,世界上很多的成功人士,他们的性格大部分都是黄色性格,像无论是在影界好莱坞还是政坛都很出色、并且连续荣获7届"奥林匹克先生"头衔的阿诺德·施瓦辛格也是典型的黄色性格。

1997年3月1日,国际健美联合会主席把"国际健美联合会金质勋章"授予了阿诺德·施瓦辛格,表彰他为"20世纪最优秀的健美运动员",代表健美运动史上最优秀的人。

施瓦辛格是20世纪唯一获此殊荣的人。

谁能想到,出生在奥地利的施瓦辛格,幼年竟然是个体弱多病的孩子。不过幸运的是,他从小就喜爱运动,当他发现自己真正喜爱的项目是举重后,潜心苦练长达3年,铸就了一副强壮的身板。当时,施瓦辛格的父母怕他锻炼过量,限制他去健身房的次数,但他一确定了目标就不肯再轻易更改,他说:"我不能在镜子里看到自己肌肉松弛的样子,不能违反自己制订的计划。"于是,固执的施瓦辛格把家里一间没有暖气的房间改为健身房继续锻炼。坚持不懈的努力,终于使他在18岁时就获得了"欧洲先生"的称号,20岁那年,施瓦辛格更是荣获了"环球先生"。自此之后,他几乎包揽过所有世界级比赛的健美冠军,共集13个世界冠军头衔于一身,这在世界健美界是绝无仅有的。

其后他又开始了演艺生涯,一度成为美国历史上最有票房号召力的明星。现在,大名鼎鼎的施瓦辛格又成了美国加州州长,很多人说他还可能会成为美国历史上第一个非美国本土出生的总统……谁知道呢？在他的身上，什么都有可能发生。

虽然有幸运的成分，但施瓦辛格更多的是靠自己的勤奋走向成功。他有明确的目标，并且甘愿为梦想付出一切。从健美冠军到电影明星，再到加州州长，施瓦辛格用自己的传奇人生提示着人们："只要不放弃自己的追求，梦想总有实现的一天。"

然而，正如施瓦辛格的坚定一样，他的黄色性格中的固执也在他的身上体现得淋漓尽致。

在他担任加州州长后，不仅在政府事务上比较固执，在子女教育上，他也表现出了力量型父母的最主要的特点——用强硬手段来支配子女，命令他们什么该干而什么不能。

施瓦辛格管教自己的四个儿女时，就像是他扮演的"终结者"一样，常让一家人感到心惊胆战。

总之，黄色性格在四种性格中是最容易成功的一种性格，这与他们坚定执着、刚毅强硬等性格特征相关。总体来说，黄色性格也可用以下一段话来加以概括：

当别人失去控制正在迷惘时，他会有着坚强的控制力和决断力。在充满疑虑的前景下，他仍然愿意去把握每一个机会。

面对嘲笑，他会满怀信心地坚持真理；面对批评，他会仍然坚守自己的立场。

当我们误入歧途时，他会指明生活的航向。面对困难，他必定顽强对抗，不胜不休。

### 3. 蓝色性格

蓝色类型的人总是给人以矜持和沉稳的感觉，他们对自己本身也是团队的一部分这点没有太多的表现，而且总是回避风险，不管需要付出什么代价。他们是特立独行的人，他们可能比绿色类型的人更想把事情办好，但是会用比黄色类型的人更为低调一点的方式。

蓝色类型的人说话的时候措辞谨慎、语调平缓，似乎不带感情色彩，通常他们只有在自己认为必要时才发言。他们的声音也不会告诉你他们在想什么，你有时可能会感觉他们比较冷淡。

蓝色类型的人最突出的特征就是他们绝对是个不折不扣的完美主义者和理想主义者，他们追求完美，为人小心谨慎，擅长思考，酷爱理性分析，在乎细节，敏感但喜怒不形于色。他们做事有条不紊，讲求章法，遇事遵循原则，但有时也显得过于死板。

但也正是由于蓝色类型的人追求完美，有完美主义倾向，因此，他们也是四种性格类型中最接近艺术本质的性格，完美而细腻，深邃而独特。因此，蓝色性格往往是最容易造就艺术家的一个性格，在世界著名的艺术家中，不少人都是蓝色性格。

蓝色性格的人似乎天生就有一种高雅而脱俗的艺术家气质，他们总是在沉默中爆发出令人惊叹的力量。那么，就让我们用下面这一段话来概括所有蓝色性格的人，这是对他们最好的评价：

洞悉人类心灵世界的敏锐目光，欣赏世界之美善的艺术品位。所有的天才都具有优势，创作前无古人之惊世作品的才华。工作忙乱时入微的观察，缜密的思维，始终如一的处世目标。任何事都做得有条不紊，具有圆满成功的理想和决心。

### 4. 绿色性格

绿色性格的人就像绿色一样，给人一种平和而宁静的印象，就像是平静的湖面，很难激起波澜。他们一般都平和低调，无异议，少主见；慢性子，不慌不忙，极有耐心，擅长聆听而非表达；诙谐幽默；喜欢平稳的生活而不是冒险，最看重的是与他人关系的亲疏远近。他们很有人缘，注重合作，不喜欢冲突，总希望面面俱到；有时过于保守，对变革从来都不积极，乐于担当旁观者。

他们又是那种与人为善、敏感细腻的人，可能有一点缺乏主见甚至是温良恭顺。他们喜欢询问别人的观点，很少会把自己的观念强加于别人，他们喜欢稳定和被人接受。与表达相比，他们更擅长聆听。说话的时候，他们通常会用比较沉稳和平和的语调，他们的声音中不乏温情和真诚。

我们似乎总能在社会公益活动中见到绿色性格的人，他们似乎永远都是那样的平和与耐心，也许他们没有红色性格的人那么多的梦想，也没有黄色性格的人那么多的目标，但是，他们是最踏实的人，他们总能在平凡的岗位和事情中做出不平凡的成绩。特里莎修女便是这样一位伟大的绿色性格女性，一位伟大的"绿色天使"。

特里莎修女是阿尔巴尼亚人，1910年她出生在马其顿首都斯科普里城，但她一生都在印度的加尔各答为穷人服务，并且成为印度公民。

特里莎修女是1979年诺贝尔和平奖的获得者，她是继阿尔伯特·史怀泽博士1952年获得诺贝尔和平奖以来，最没有争议的一个得奖者，也是20世纪80年代美国青少年最崇拜的人物之一。

她活着时是世界上获奖最多的人，但她从未在自己身上花过哪怕一分钱的奖金。她认为她只是穷人的手臂，她是代替世界上所有的穷人去领奖的。

特里莎修女除了被誉为"穷人的圣母"外，还被誉为"慈悲天使""贫民窟的守护者""行动的爱者""贫民窟的圣人""带光行走的人"等。她创建的仁爱传教修女会在她1997年去世时拥有4亿多美元的资产，世界上最有钱的公司都乐意无偿地捐钱给她；她的组织有7000多名正式成员，组织外还有数不清的追随者和义工；她与众多的总统、国王、传媒巨头和企业巨子关系友善，并受到他们的敬仰和爱戴……

但是，她住的地方，除了电灯外，唯一的电器是一部电话；

她没有秘书，所有信件她都亲笔回复；她没有会客室，她在教堂外的走廊里接待所有来访者；她穿的衣服，一共只有3套，而且自己换洗；她只穿凉鞋，不穿袜子。

当她去世时，人们看到她所拥有的全部个人财产，就是1张耶稣受难像，1双凉鞋和3件滚着蓝边的白色粗布纱丽——1件穿在身上，1件待洗，1件已经破损，需要缝补。

特里莎修女的思想核心只有4个字：爱无界限。

特里莎修女曾经在不同的场合反复表明她的观点，她不关心政治，更不关心阶级，她只关心人，每一个具体的人，不管那是一个什么样的人。因此她对人的爱，是没有界限的——不只是超越了种族、国家，更重要的是，超越了宗教。

她自己是一名虔诚的天主教修女，但她耗尽一生为之付出的人，绝大多数，却都是其他宗教的信徒，或没有宗教信仰的人。她的平和宁静总能慰藉那些受伤的心灵，她的耐心足以平息人内心的仇恨，她的爱足以融化所有人心里的冰山。

可以说，将绿色性格的人称为"和平主义者"是绝对的名副其实，他们的一言一行也正体现了他们的性格，正如下面一段话所言：

稳定地保持原则，忍受惹是生非者的耐心。

当别人说话时，你会聆听；天赋的协调能力，会把相反的力量融合。

富有安慰受伤者的同情心，为达到和平而不惜任何代价。

头脑冷静，有时连你的敌人都找不到你的把柄。

# 九点图性格分类

"九点图"(enneagrams)一词由希腊文"九"(ennea)和"图"(gram)组合而成,意为"由九个点构成的图"。如下图所示,九点图以一个圆和圆内的九个点,以及连接这九个点的线构成。在这看似简单的构图中,蕴藏着表现人们内心世界的地图。

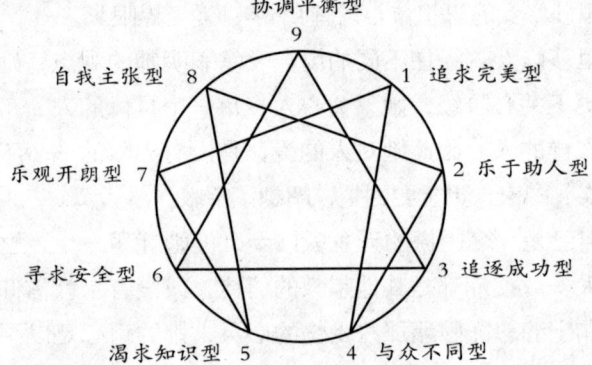

九点图的基本理论是:人从本质上可以归纳为9种不同的类型,每个人在降临人世时都具备了其中的某一种。正如男女出生的性别比例几乎相等一样,在世界任何地区,九种人所占的比例也相等。对那些不喜欢简单分类的人来说,这种分法或许缺乏科学根据。

然而,九点图的目的并不是进行简单的分类,而是试图使决定你行动的能量达到理想的平衡状态。九点图认为,每个人都拥有自己没有发现的卓越的能力。必须找到"真正的自我",然后以此为前提,去除那些阻挠你发挥潜力的桎梏、怀疑、恐惧、自大等因素,恢复你的真正潜能,并使之达到平衡状态。分类只是更好地掌握九点图智慧的起点。

接下来,我们来对这九种性格进行具体地分类分析:

### 1. 追求完美型

这种人做任何事都力求完美，以积极的态度追求自己的理想，不惜付出任何努力。经常关心公正和正义，为人正直，值得信赖，坚信自己的伦理观是正确的。给人以"井井有条"的印象，经常注意保持克制，常把"应该怎么"挂在嘴边。如果"做得对""理解得正确"，会感到非常满足。

### 2. 乐于助人型

这类人充满关心，向遇到困难的人伸出援助之手，随时准备帮助周围的人。一方面拼命满足他人的要求，另一方面并没意识到自己也需要他人的帮助。直觉敏锐，能够与周围的人和睦相处，对环境的适应能力很强。另外，擅长交际，具有与不同的人打交道的本事。在"帮助他人""忘我地照顾他人"的时候，会感到非常满足。

### 3. 追逐成功型

这类人总是在意效率，为了成功，即使牺牲自己的个人生活，也在所不惜。期待他人也能朝着自己所定下的目标大步向前，很会激发周围人的干劲。以成功或不成功为尺度衡量人生价值，属于重视成就的、精力充沛的人。为了给周围的人以好印象，常常表现出很有自信的样子。当"成功了""事情进展很顺利"的时候，会感到非常满足。

### 4. 与众不同型

这类人多自豪地认为自己是特别的人，最重视感情，讨厌平凡。认为比他人更能深深地体会悲伤和孤独，关心别人，喜欢鼓励他人。此外，认为自己就像剧中的主人公，从言谈举止到时尚流行，都给人一种清高、表现力丰富的印象。当处在"自己是特殊的存在""独一无二""沉浸在感动之中"时，会感到满足。

### 5. 渴求知识型

这类人喜欢吸收知识,想当一个聪明人。有很强的分析能力和洞察能力,喜欢自始至终当一个客观的旁观者,虽然长于观察现实,但说话不多,显得内向,厌恶愚笨的表现。在开始工作或陈述意见前,会细致地收集信息,试图把握所有的一切。此外,喜欢独处,很珍惜自己的时间。如果成为"有智慧""聪明""无所不知"的人,会感到极大的满足。

### 6. 寻求安全型

寻求安全的类型的人有两面性,一方面是寻求强有力的保护人,对于这个保护人忠心耿耿,尽责尽力;另一方面,反抗不能接受的权力,倾听弱者的意见,即使没有胜算,也敢于进行挑战。能从对方的一言一行里洞悉对方的真实意图,只要能建立信任关系,就会表现出深情温柔的一面。对被人誉为"忠实""诚实"会感到满足的同时,对于被称为"率直""不服从社会规范""勇于面对危险"也会感到满足。

### 7. 乐观开朗型

这类人凡事皆持乐观态度,为人开朗,善于从身边寻找快乐。周围有很多自己喜欢的人,本人也试图显示魅力。制订一个又一个快乐的计划,提出新的构想,好奇心强,富于想象力。当觉得"很快乐""愉快极了""有很多计划"的时候,会感到非常满足。

### 8. 自我主张型

这类人只要认定自己是正确的,就会倾全力而战。有勇气、有力量,一眼就能识别错误、怠惰和虚荣心等,并且勇于向它们挑战,善于把握权力结构,善于保住发挥"长处"的位置。不拿架子,为人诚实,勇于保护弱者。当被人誉为"有本事""做得到""精力充沛"时，会感到非常满足。

### 9. 协调平衡型

这类人是个规避矛盾和紧张的和平主义者，不喜欢自己的内心被外界扰乱。附和他人，很容易受到周围人的影响。如果环境好的话，会心胸开阔，不为外物所动，很有耐心，没有偏见，能够体谅他人的心情，善于与人沟通和交流。他们能很好地周旋于众人之间并且起到协助和调节的作用。当被称赞为"和平""善解人意""通情达理"时会有一种强烈的满足感。

# 荣格性格分类

著名心理学家荣格通过对内向型性格、外向型性格及性格的思维、直觉、情感、感觉四种功能进行全面的分析和研究后，将一些特殊的性格表现同心理类型结合起来，最终得出了八种性格，即外向思维型、外向直觉型、外向情感型、外向感觉型、内向思维型、内向直觉型、内向情感型、内向感觉型。

### 1. 外向思维型

这种类型的人，努力使自己生活在一般社会普遍承认的规范中。这些人不以自己随意的独断作为判断的基础标准，他们的判断具有客观性。他们能出色地把握各种客观的事实和条件，在深思熟虑后做出结论，并使自己的行动理性化。

这种类型的人，不仅对自己，而且在与周围人的关系方面，不论视为善恶，还是视为美丑，一切都以被赋予理性的原则作为最高标准。这种类型的人在顺应时代的潮流方面极为敏锐和出色。但是，因为过于跟随潮流，他们也给人一种极其新潮的印象。如果生活态度僵硬化，就会给人一种缺乏自由豁达的感觉。因为这种类型的人大多数位于极端之中。

这种类型的人因为思考占优势，所以，属于感情的东西被压抑，美的活动、兴趣、艺术鉴赏、交朋友等方面被阻碍和排挤。如果感情过于压抑，在无意识中的感情就会反抗，那么也许会产生连本人都不知道缘由的结果。

由于这一类型的人的理性很强，由理性来主导行动，而且看待和对待事物较为客观，因此，这一类型主要是男性，因为思维作为决定性的功能多数是男性。通常情况下，当思维在女性身上占据优势时，它来源于心灵中直觉的活动占优势地位。

通俗地讲，此类人属于行动型，在社会中容易获得成功。他们头脑灵活，适合从事政治、经济、顾问、医生等工作，也能成为官僚。但是，他们在行恶的场所也容易犯罪。这种人想尽力摆脱主观对行动的影响。

### 2. 内向思维型

内向思维型的人与外向型思维的人相同，也追求理念，只是其方向相反，不是向外，而是向内。这种人善于在自己的内心构筑并发展理想的世界。总是富有积极性，不会因麻烦、危险、被视为异端或唯恐伤害别人感情等理由而停滞不前。

然而，这种人却不善于把其理想付诸于现实，很多人的实际能力不太出色。因为他们常常忽视客观存在，而是为理论而理论。其追求理想的方式是主观、固执，不接受他人的意见。

对待周围的人，只是消极地关心，甚至漠不关心。因此，别人感到自己像被讨厌者一样被他拒绝。这种人一般给周围人冷淡、任性和自以为是的印象。因为这种人对来自他人的妨碍感到不安，所以，这种人对周围的人也会表现出礼貌和亲切，其态度总让人感到生硬。

这种人容易引起周围人的误解，不擅长社交，也不知如何得到对方的好感。与他亲近的人会极其赞赏这种人的亲切态度和丰富的内心世界，但与他疏远的人，却认为这种人冷淡、难以取悦、难以接近及妄自尊大。但这种人并不是骄傲自大，在构筑内心理想方面有勇气，敢于大胆地冒险，只是在同外界现实接触时，就怯懦、不安、想法设防。不愿自我吹嘘是这种人的美德，因为他本来就不在意别人对自己的评价。但有时遇到非常理解的人，反而立即给予对方过高的评价。

一般来说，内向思维型的人的头脑非常聪明，但不是为了成就一番事业，而是为了满足内心的需要，所以在社会上并没有成功，是典型的孤芳自赏型。德国哲学家康德就属于这一类型。同外向思维的典范——达尔文相比，前者注重主观因素，后者依据的是客观事实。康德把自己限定在对知识的评论上，而达尔文善于对极为丰富的客观现实进行探讨。在内向思维型的人看来，金钱、地位、名利不是最重要的，最重要的是自己内心的问题。这类人在数学、物理等领域能取得很大的成就。从某个角度看，这类人可能成为极富情感的人。

### 3. 外向情感型

外向情感型的人，女性占绝对多数，选择任随自己情感的生活方式。其情感比较顺应周围的状况，她们的价值判断也同样。例如，随他人对人或事物做出是"好"是"坏"的评价，自己一般不做出评价。这种人较随和，在人群中可形成和谐的气氛。

女性最能清楚地表现这个特点的是选择结婚对象。女性在择偶时，不仅看对方的身份、年龄、职业、收入、身高、家庭环境等还要看是否符合自己的要求。与其说是自己喜好，不如说是符合社会标准。而这种类型的人，由于其情感功能占优势，所以，思考功能就被压抑。但思考功能并不是不发挥作用。只是，这种人的思考不是为思考而思考，而只是情感的附属品，是为服务于情感才发挥作用的。

如果这种类型的女性过于顺从，就会丧失情感中富有巨大魅力的个性。不仅如此，还使人感到浅薄、玩弄花招和装模作样。在第三者看来，这种人的主体性完全埋没于感情之中，刚才是这种情感，而一瞬间又变成另一种情感，难免给人见异思迁、变化无常的印象。

荣格认为，外向情感型的人善于判断周围情况，在社会上起主角的作用。不过，由于对外界过于适应，反而对自己不利。他们经历某种分化后最终与主观修饰相分离，内心变得十分冷漠。虽然有非常美好的理想，但往往还没计划好就盲目行动，所以后果不堪设想。

### 4. 内向情感型

这种人的感情发展程度从外部很难窥知。少言寡语，难以接近，遇到粗野的人就立即躲开。因此，在旁人看来，是沉静、彬彬有礼及性情深不可测的人，有时也被认为是忧郁的人。但如果对他人过于回避，就会被人猜测为这个人对他人的幸福和不幸都持事不关己的心态。事实上，这种人对初次见面或毫不相关的人，不会表现出热情欢迎的态度，而是采取冷淡或拒绝的态度。总之，他们对外界漠不关心。

这种人也不是没有业余爱好，或没有被令人兴奋的事情和人物所吸引的时候。这种类型的人一般采取善意的中性态度，或根据情况的变化，也表现出轻微的优越态度或批判态度。因此，给人高高在上的印象。如果是女性，即使受到激情的袭扰，她也会冷静地按捺、克制自己的激情。

这种类型的女性，想使自己与对方的感情停留在平静、均衡的状态，而禁止过于激越的感情。所以，在陷进去之后，就刹车并开始轻视对方。在这种情况下，只看这种人表面的人，就会轻易地认为这种人"冷淡"或毫无感情。但是，这种估计有些偏激，这种人只是抑制和不表露感情，而内心却蕴藏着热情。

这种人富有同情心，一旦同情某人就不是表面上的同情，而是极为深切的同情。由于这种同情过于深切，所以就像自己的事情一样感到悲哀，他们会毫不虚假地安慰、鼓励对方。但由于他们对某些人或事物什么也不表露，所以周围的人，特别是外向型的人认为这种人非常冷淡。但是，有时他们深切的同情会溢于言表，并做出令人惊奇的、崇高的或自我牺牲的献身行为。

荣格通过研究发现：女性中多出现这种明显的内向情感，用"静水则深"来形容这类女性十分贴切。许多这类女性性格文静，沉默寡言，较难接触，难以捉摸；她们往往表现出幼稚可爱或平庸的样子，显得自己毫不出众，看上去显得很忧郁。她们的主观情感掌握了自己生命的支配权，真实的动机被挡住了，所以她们显得不太真实；她们和谐的举止并不会引人特别注意，但她们富有爱心，经常参与慈善活动；她们与人相处很和睦，容易与他人产生共鸣，但不会去关心他人的感受和幸福，不想用任何方式或态度去打动、影响他人，或让其按照自己的意愿去做。

可以说，内向情感型是这八种性格中最中庸的一个，当出现某类能让人迷失或激起热情的东西时，内向情感型的人往往会采取保持中立的态度，既不肯定也不批评，有时还会用一些优越感的力量给那个导致敏感的因素一些厉害。

### 5. 外向直觉型

外向直觉型的人，具有把握隐藏在客观事实深处的可能性的能力。他们认为，重要的不是现实，而是可能性。所以，这种人不断地追求可能性，感到日常安定的生活环境就像监狱一样令人窒息。

一旦热心于追求可能，他们就会显示异常的狂热状态。但是，一旦看到没有再飞跃发展的希望时，就立即冷淡下来，或干脆放弃。例如，对某项事业的计划简单地认为"这个计划将来有希望"，对自己的直观能力很自信，所以，就勇往直前。从这个意义上讲，他们是冒险家。当他们的事业走上轨道，趋向安定之后，一般人都认为继续从事这个事业更为安全有利，但这种人却想转向别的工作。

由于这种类型的人不尊重周围人的观点、主张和生活习惯，为此，有时被看作是不道德、冷酷、鲁莽的人。在企业家、商人中，属于这种类型的人有不少。但是，这种类型的人，女性比男性多。女性的直观活动能力，与其说是在职业方面，不如说是在社交的舞台上。这种女性具有利用一切社交的可能性，去与有势力的人熟知乃至亲密接触的能力。在选择交际或配偶方面，她们能敏捷、迅速地寻找到有前途的男性。但是，如果出现新的其他可能性时，迄今所得到的一切，她们就会全都放弃。

直觉者自认为有特殊的道德观，重视直觉的观点，并信服直觉观点的威望，不关心他人的事以及他人的想法，更有甚者对自己的安全状况也毫不关心。由于从不崇拜任何人，因此经常被认为是高傲、冷淡、失德的冒险家，这类人对外界客观事物的关心，寻找对外界的可能性，就预示着他对任何一种职业都怀有极大的兴趣，很乐意将自己全身心地投入到此项工作中，并将自己的才华运用到每个方面。他能够观察到事物本质和事物的可能性的直觉型，如果才华横溢，将会在新商机中取得成功。许多企业家、证券人、商业大亨、文化经纪人、政客等均属这类人。

但是，由于直觉是低级功能的感觉，自己反应较迟钝，因此平时不注意自身的健康，导致疲劳过度，易患心脑疾病。所以这类人不要只顾眼前而不为将来着想。

### 6. 内向直觉型

内向直觉的特殊性质如果处于优势，就会有一种特殊类型的人产生，也就会有神秘莫测的幻想者、预言家或幻想的狂人和艺术家出现。其中艺术家被看成是这种类型中的正常情形，因为这种类型的人有把自身局限于直觉和知觉特性之间的倾向。知觉是直觉者的主要问题，那些具有创造性的艺术家也是如此。爱幻想的狂人由于是这些灵视的观念所描绘与限制出来的，因此满足于灵视的观念。

个体与真实之间强烈的疏远是由直觉的强化所导致的，这使得他在生活圈子中变得像个"谜"一样的人。他如果是一个艺术家，就能在艺术领域创造出许多稀奇古怪的作品，这些作品中既有色彩斑斓的，又有琐碎无聊的，还会有可爱的、怪诞的、狂妄的……如果他不是艺术家，将会是一个得不到赏识的天才，一个"走错路"的人，一个聪明的傻子，或是一个"心理"小说中的角色。

这个类型中直观性一般程度的人，给人不愿意与现实接触、也不努力适应现实的印象。对这种人来说，无论现实怎样都无谓。事实上，外界的人物、事物及其他一切对这种类型的人员都不会是刺激。自己本是社会的一员，但作为社会的一员会给周围的人带来什么影响，他们对这种意识非常淡漠。所以，在外向型的人看来，这种人极度轻视世俗的事物。

一般而言，这种人给人的印象是腼腆、客气、缺乏自信、不知如何是好。与人交往时，则生硬、拙笨和不善表达，所以，显得缺乏趣味。可是，这种类型的人，与"内向型感觉类型"相同，不少人具有丰富的内心世界，蕴藏着用语言难以表达的优秀品质。

### 7. 外向感觉型

愿意生活在现实之中，却没有支配欲望及反思倾向的人属于外向感觉型。他们希望可以经常地拥有感觉，察觉客观事物的存在，还要尽可能地享受感觉。他们具有追求欢乐的能力，注重现实带来的快感，但并非不可爱，反而是一种很好的伙伴或对象。他们是生活中的"乐天派"，视觉和味觉非常灵敏，有时是位颇具审美功底，在设计和厨艺等方面都很出色的人。很多时候，他们会把很重要的事情放在一旁，甚至可以为晚餐是否丰盛这样的问题而绞尽脑汁。

当客观事物带给他们所想要的那种感觉后，他们对那些客观事物就再也没有听下去或看下去的兴趣了。但这些客观事物必须是具体的、实实在在的，或是超越具体性的推测但能增强感觉的。有时感觉的强化并不会使他们自身愉悦，他们也并不在意，因为他们只渴望得到这种单纯的感觉，而不是官能刺激。

然而，与"外向思考型"不同，这种人不以原则和理念规范自己，也不追求理想。重要的是现实，热爱、喜欢现实。因此，他们非常好客，愿意热情招待，谈笑风生。约会时，不会使对方感到无聊。服装和随身用品都很讲究。但是，如果采取过于拘泥于现实的生活态度，就会给人留下爱讲排场、虚荣心强的印象。

一般来说，这种类型的人不把道德放在首位，这绝不是不道德。他们不要被道德之类的东西所束缚的痛苦生活，他们要活得自由奔放。但是如果无意识的反抗增强，在日常生活中，就会带有比道德、宗教更强烈的迷信色彩，或把烦琐的仪式引入生活。除此之外，还有不少人表现出极端固执的生活态度。

### 8. 内向感觉型

所有内向型的人都有远离外部客观世界的倾向，内向感觉型的人也不例外。他们对外界的一切事物都不在意，不管别人说什么都听不进去，只是沉浸在自己的主观感觉之中，把自己的审美意识当作人生的追求。

他们往往只关注事物的效果及自身的主观感觉，对事物的本身一点儿也不在乎。当今许多年轻人都有这一特点，无论是内向还是外向性格，感觉型的比较多。他们大多自我感觉良好，多数艺术家就属于这一类型。

荣格提出，内向感觉型是一种非理性类型。这种类型的人对偶然发生事件进行选择时，总是被所发生的事件牵引着走，而不是从理性观点上出发。从外部看，他们无法预测将有哪些事情发生，因此只有当一种与感觉力量相等的机敏表达出现时，这类人的非理性才会恍然大悟。

不善表达是内向型的特征之一，这一特征将被他的非理性挡在身后，然后通过冷静或消极的行为，以及对理性的自我抑制的形式来表达这种非理性。

这类人认为外部的世界与自己丰富多彩的内心世界相差太远，他们有时在内心中构建一个神奇的世界，在那里，人、动物、山河都是半神半魔的样子，尽管他们自己不这么认为，但那些东西已进入他的脑海，并在他的判断和行为中被充分表现出来。除了艺术之外，他感觉没有能使他施展才能的空间。外人认为他们沉默、安静、自制、随和，其实他们的思想和情感十分贫乏，是个非常单调的人。

当然，内向感觉型的人，如果具有出色的表现能力，就会成为主观表现欲极强的艺术家。可是，通常这种类型的人不仅不具备这种表现能力，反而不善于表现。因此，在第三者看来，这种人具有谨慎、被动、平静及理性的自我抑制等特征。

但是，如果仔细观察，就会发现这种人所采取的主观态度令人感到奇异，给人一种无视周围的人和事，无视外界的感觉。有时，他们也能接受、理解外部的信息，并反应在自己的行为方式上，但外界的作用并不能到达本人心中。程度更强烈时，其感觉、方法和行动，都脱离现实，体现出一种真正的奇特。而且，这种人并不强迫周围人的理解并承认他的感觉方式，而是满足于自己封闭的世界，满足于平衡而温和地与外部现实世界的接触。

因此，这种人一般对周围的人不会造成伤害，但容易成为他人攻击和支配的牺牲品。由于这种人不太关心他人怎样对自己，所以，即使被不适当地对待，也容易听之任之。即使被别人颐指气使，也会甘心忍受。但有时，他也意外地发挥其反抗和顽固性，以发泄自己的愤怒。

这种类型的人，由于易采取独自生活在幻想世界的生活态度，所以会脱离现实。强行推行自己的要求并开始发挥破坏性威力。一旦达到极端，就与外向感觉类型一样，变成极端顽固的生活态度。

# 第五章 如何认识自己的性格

我们每一个人的性格虽然有一定的稳定性，但还是可以加以改变的，性格会随着环境、社会等一系列因素的改变而发生变化，而性格又对我们每一个人的命运起着决定性的作用，因此，若我们要想把握自己的命运，那么，第一步就应该是了解自己的性格，而要准确而快速地了解自己的性格就离不开性格测试。只有我们认真审视自己，才可能获得客观的证据。但不管性格测试的结果如何，我们都应该明白：其实性格本身没有什么好坏之分，只有不同，关键在于我们要认识并承认自己性格的好与坏，懂得扬长避短。每一种性格特征都有其长处和价值，也有缺点和需要注意的地方。清楚地了解自己的性格优势和劣势，有利于更好地发挥自己的特长，而尽可能的在为人处世中避免自己性格中的劣势。

## 菲尔测试及性格分析

请你凭你的直觉如实地回答下列问题，各题为单选，选择一个最符合你情况的选项：

1. 你什么时候感觉最好：
   ① 早晨。
   ② 下午及傍晚。
   ③ 夜里。
2. 你怎样走路：
   ① 大步的快走。

②小步的快走。

③不快,仰着头面对着世界。

④不快,低着头。

⑤很慢。

3.与人交流时,你一般会:

①手臂交叠地站着。

②双手紧握着。

③一只手或两手放在臂部。

④碰着或推着与你说话的人。

⑤碰着你的耳朵、摸着你的下巴或用手整理头发。

4.坐下来时,你习惯于:

①两膝盖并拢。

②两腿交叉。

③两腿伸直。

④一腿蜷在身下。

5.你一般怎样笑:

①敞怀大笑。

②笑,但不大声。

③轻声地、咯咯地笑。

④羞怯地微笑。

6.当你去参加一个活动,你会:

①很大声地入场以引起他人的注意。

②安静地入场,找你认识的人。

③非常安静地入场,尽量保持不被他人注意。

7.当你正在非常专心地工作时,有人打断你,你会:

①欢迎他。

②感到非常恼怒。

③在上两大极端之间。

8. 下列颜色中,你最喜欢哪一种颜色:

①红或橘色。

②黑色。

③黄或浅蓝色。

④绿色。

⑤深蓝或紫色。

⑥白色。

⑦棕或灰色。

9. 临入睡的前几分钟,你在床上的姿势是:

①仰躺,伸直。

②俯躺,伸直。

③侧躺,微蜷。

④头枕在一手臂上。

⑤被盖过头。

10. 你经常会做的梦是:

①从高处落下。

②与别人打架或挣扎。

③找东西或找人。

④在天上飞或在水里漂浮。

⑤平常不做梦。

⑥梦都是愉快的。

以上各题的分数分配如下:

| 1题 | ① | 2分 | ② | 4分 | ③ | 6分 | | | | | | | |
|---|---|---|---|---|---|---|---|---|---|---|---|---|---|
| 2题 | ① | 6分 | ② | 4分 | ③ | 7分 | ④ | 2分 | ⑤ | 1分 | | | |
| 3题 | ① | 4分 | ② | 2分 | ③ | 5分 | ④ | 7分 | ⑤ | 6分 | | | |
| 4题 | ① | 4分 | ② | 6分 | ③ | 2分 | ④ | 1分 | | | | | |
| 5题 | ① | 6分 | ② | 4分 | ③ | 3分 | ④ | 5分 | | | | | |
| 6题 | ① | 6分 | ② | 4分 | ③ | 2分 | | | | | | | |
| 7题 | ① | 6分 | ② | 2分 | ③ | 4分 | | | | | | | |
| 8题 | ① | 6分 | ② | 7分 | ③ | 5分 | ④ | 4分 | ⑤ | 3分 | ⑥ | 2分 | ⑦ | 1分 |
| 9题 | ① | 7分 | ② | 6分 | ③ | 4分 | ④ | 2分 | ⑤ | 1分 | | | |
| 10题 | ① | 4分 | ② | 2分 | ③ | 3分 | ④ | 5分 | ⑤ | 6分 | ⑥ | 1分 | |

将你每小题的得分进行相加，最后得出一个总分数。

1. 低于21分——内向的悲观者

你是一个害羞的、神经质的、优柔寡断的人，你对别人有依赖感，需要人照顾，面对事情你永远没有自己的主见，总期待别人为你做决定；你是一个杞人忧天者，一个永远为不存在的问题自寻烦恼的人，也许有些人认为你令人乏味，但那些深知你的人知道你不是这样的人。

2. 21～30分——缺乏信心的挑剔者

你是一个谨慎的、十分小心、勤勉刻苦、很挑剔的人，一个缓慢而稳定、辛勤工作的人。一般而言，你的言行都在大家的意料之中，也就是说，你的性格是一个相对稳定的性格。

3. 31～40分——以牙还牙的自我保护者

你是一个明智、谨慎、注重实效、伶俐、有天赋、有才干且谦虚的人。你在交友方面很谨慎，一旦成为朋友，你将对朋友非常忠诚，同时要求朋友对你也有忠诚的回报。如果一旦这种信任被破坏，你将很难过。

4. 41～50分——平衡的中庸者

你是一个有活力的、有魅力的、讲究实际的且永远有趣的人；你亲切、和蔼、体贴、能谅解人；你是一个永远会给人带来快乐并会帮助别人的人；你经常是群众注意力的焦点，但是你还不至于因此而昏了头。

5.51～60分——吸引人的冒险家

你具有令人兴奋的、高度活泼的、相当易冲动的个性；你是一个天生的领袖，能在很短的时间内做出决定，虽然你的决定不总是对的。你是一个愿意尝试机会而欣赏冒险的人。因为你散发的刺激，周围的人都喜欢跟你在一起。

6.60分以上——傲慢的孤独者

在别人的眼中，你是自负的、以自我为中心的，是个极端有支配欲、统治欲的人。别人可能钦佩你，但同时也会从骨子里讨厌你的自负和高傲。

## SMCP 测试及性格分析

心理学家曾将人的性格分为4种基本类型：活泼型（S）、完美型（M）、力量型（C）及和平型（P），又为人们进一步了解和认识自身的性格提供了一种科学的方法，请按照相关提示完成下列的测试。

在你认为最适合你的实际情况的这项前做上记录，每个序号后只能选择一个答案，每个选择1分。

你认为你具备下列哪些优点：
1. ☐ 富于冒险　☐ 适应力强　☐ 生动　☐ 善于分析
2. ☐ 坚持不懈　☐ 喜好娱乐　☐ 善于说服　☐ 平和
3. ☐ 顺服　☐ 自我牺牲　☐ 善于社交　☐ 意志坚定

| | | | | |
|---|---|---|---|---|
| 4. | ☐ 体贴 | ☐ 自控性 | ☐ 竞争性 | ☐ 使人认同 |
| 5. | ☐ 使人振作 | ☐ 受尊重 | ☐ 含蓄 | ☐ 善于应变 |
| 6. | ☐ 满足 | ☐ 敏感 | ☐ 自立 | ☐ 生机勃勃 |
| 7. | ☐ 计划者 | ☐ 耐性 | ☐ 积极 | ☐ 推动者 |
| 8. | ☐ 肯定 | ☐ 无拘无束 | ☐ 时间性 | ☐ 羞涩 |
| 9. | ☐ 井井有条 | ☐ 迁就 | ☐ 坦率 | ☐ 乐观 |
| 10. | ☐ 友善 | ☐ 忠诚 | ☐ 有趣 | ☐ 强迫性 |
| 11. | ☐ 勇敢 | ☐ 可爱 | ☐ 外交手腕 | ☐ 注意细节 |
| 12. | ☐ 令人高兴 | ☐ 贯彻始终 | ☐ 文化修养 | ☐ 自信 |
| 13. | ☐ 理想主义 | ☐ 独立 | ☐ 无攻击性 | ☐ 富激励性 |
| 14. | ☐ 感情外露 | ☐ 果断 | ☐ 尖刻幽默 | ☐ 深沉 |
| 15. | ☐ 调节者 | ☐ 音乐性 | ☐ 发起者 | ☐ 喜交朋友 |
| 16. | ☐ 考虑周到 | ☐ 执着 | ☐ 多言 | ☐ 容忍 |
| 17. | ☐ 聆听者 | ☐ 忠心 | ☐ 领导者 | ☐ 精力充沛 |
| 18. | ☐ 知足 | ☐ 首领 | ☐ 制图者 | ☐ 惹人喜爱 |
| 19. | ☐ 完美主义者 | ☐ 和气 | ☐ 勤劳 | ☐ 受欢迎 |
| 20. | ☐ 跳跃型 | ☐ 无畏 | ☐ 规范型 | ☐ 平衡 |

你认为你具备下列哪些缺点：

| | | | | |
|---|---|---|---|---|
| 21. | ☐ 乏味 | ☐ 忸怩 | ☐ 露骨 | ☐ 专横 |
| 22. | ☐ 散漫 | ☐ 无同情心 | ☐ 缺乏热情 | ☐ 不宽恕 |
| 23. | ☐ 保留 | ☐ 怨恨 | ☐ 逆反 | ☐ 唠叨 |
| 24. | ☐ 没耐性 | ☐ 胆小 | ☐ 健忘 | ☐ 率直 |
| 25. | ☐ 挑剔 | ☐ 无安全感 | ☐ 优柔寡断 | ☐ 好插嘴 |
| 26. | ☐ 不受欢迎 | ☐ 不参与 | ☐ 难预测 | ☐ 缺同情心 |
| 27. | ☐ 固执 | ☐ 即兴 | ☐ 难于取悦 | ☐ 犹豫不决 |
| 28. | ☐ 平淡 | ☐ 悲观 | ☐ 自负 | ☐ 放任 |

| | | | | |
|---|---|---|---|---|
| 29. | ☐ 易怒 | ☐ 无目标 | ☐ 好争吵 | ☐ 孤芳自赏 |
| 30. | ☐ 天真 | ☐ 消极 | ☐ 鲁莽 | ☐ 冷漠 |
| 31. | ☐ 担忧 | ☐ 不善交际 | ☐ 工作狂 | ☐ 喜获认同 |
| 32. | ☐ 过分敏感 | ☐ 不圆滑老练 | ☐ 胆怯 | ☐ 喋喋不休 |
| 33. | ☐ 腼腆 | ☐ 生活紊乱 | ☐ 跋扈 | ☐ 抑郁 |
| 34. | ☐ 缺乏毅力 | ☐ 内向 | ☐ 不容忍 | ☐ 无异议 |
| 35. | ☐ 杂乱无章 | ☐ 情绪化 | ☐ 喃喃自语 | ☐ 喜操纵 |
| 36. | ☐ 缓慢 | ☐ 顽固 | ☐ 好表现 | ☐ 有戒心 |
| 37. | ☐ 孤僻 | ☐ 统治欲 | ☐ 懒惰 | ☐ 大嗓门 |
| 38. | ☐ 拖延 | ☐ 多疑 | ☐ 易怒 | ☐ 不专注 |
| 39. | ☐ 报复型 | ☐ 烦躁 | ☐ 勉强 | ☐ 轻率 |
| 40. | ☐ 妥协 | ☐ 好批评 | ☐ 狡猾 | ☐ 善变 |

优点：

| | S | M | C | P |
|---|---|---|---|---|
| | 活泼型 | 完美型 | 力量型 | 和平型 |
| 1. | ☐ 生动 | ☐ 善于分析 | ☐ 富于冒险 | ☐ 适应力强 |
| 2. | ☐ 喜好娱乐 | ☐ 坚持不懈 | ☐ 善于说服 | ☐ 平和 |
| 3. | ☐ 善于社交 | ☐ 自我牺牲 | ☐ 意志坚定 | ☐ 顺服 |
| 4. | ☐ 使人认同 | ☐ 体贴 | ☐ 竞争性 | ☐ 自控性 |
| 5. | ☐ 使人振作 | ☐ 受尊重 | ☐ 善于应变 | ☐ 含蓄 |
| 6. | ☐ 生机勃勃 | ☐ 敏感 | ☐ 自立 | ☐ 满足 |
| 7. | ☐ 推动者 | ☐ 计划者 | ☐ 积极 | ☐ 耐性 |
| 8. | ☐ 无拘无束 | ☐ 有时间性 | ☐ 肯定 | ☐ 羞涩 |
| 9. | ☐ 乐观 | ☐ 井井有条 | ☐ 坦率 | ☐ 迁就 |
| 10. | ☐ 有趣 | ☐ 忠诚 | ☐ 强迫性 | ☐ 友善 |

| S | M | C | P |
|---|---|---|---|
| 11. ☐ 可爱 | ☐ 注意细节 | ☐ 勇敢 | ☐ 外交手腕 |
| 12. ☐ 令人高兴 | ☐ 文化修养 | ☐ 自信 | ☐ 贯彻始终 |
| 13. ☐ 富激励性 | ☐ 理想主义 | ☐ 独立 | ☐ 无攻击性 |
| 14. ☐ 感情外露 | ☐ 深沉 | ☐ 果断 | ☐ 尖刻幽默 |
| 15. ☐ 喜交朋友 | ☐ 音乐性 | ☐ 发起者 | ☐ 调节者 |
| 16. ☐ 多言 | ☐ 考虑周到 | ☐ 执着 | ☐ 容忍 |
| 17. ☐ 精力充沛 | ☐ 忠心 | ☐ 领导者 | ☐ 聆听者 |
| 18. ☐ 惹人喜爱 | ☐ 制图者 | ☐ 首领 | ☐ 知足 |
| 19. ☐ 受欢迎 | ☐ 完美主义者 | ☐ 勤劳 | ☐ 和气 |
| 20. ☐ 跳跃型 | ☐ 规范型 | ☐ 无畏 | ☐ 平衡 |

缺点：

| S | M | C | P |
|---|---|---|---|
| 活泼型 | 完美型 | 力量型 | 和平型 |
| 21. ☐ 露骨 | ☐ 忸怩 | ☐ 专横 | ☐ 乏味 |
| 22. ☐ 散漫 | ☐ 不宽恕 | ☐ 无同情心 | ☐ 缺乏热情 |
| 23. ☐ 唠叨 | ☐ 怨恨 | ☐ 逆反 | ☐ 保留 |
| 24. ☐ 健忘 | ☐ 没耐性 | ☐ 率直 | ☐ 胆小 |
| 25. ☐ 好插嘴 | ☐ 无安全感 | ☐ 挑剔 | ☐ 优柔寡断 |
| 26. ☐ 难预测 | ☐ 不受欢迎 | ☐ 缺同情心 | ☐ 不参与 |
| 27. ☐ 即兴 | ☐ 难于取悦 | ☐ 固执 | ☐ 犹豫不决 |
| 28. ☐ 放任 | ☐ 悲观 | ☐ 自负 | ☐ 平淡 |
| 29. ☐ 易怒 | ☐ 孤芳自赏 | ☐ 好争吵 | ☐ 无目标 |
| 30. ☐ 天真 | ☐ 消极 | ☐ 鲁莽 | ☐ 冷漠 |
| 31. ☐ 喜获认同 | ☐ 不善交际 | ☐ 工作狂 | ☐ 担忧 |
| 32. ☐ 喋喋不休 | ☐ 过分敏感 | ☐ 不圆滑老练 | ☐ 胆怯 |

| 33. | ☐ 生活紊乱 | ☐ 抑郁 | ☐ 跋扈 | ☐ 腼腆 |
| 34. | ☐ 缺乏毅力 | ☐ 内向 | ☐ 不容忍 | ☐ 无异议 |
| 35. | ☐ 杂乱无章 | ☐ 情绪化 | ☐ 喜操纵 | ☐ 喃喃自语 |
| 36. | ☐ 好表现 | ☐ 有戒心 | ☐ 顽固 | ☐ 缓慢 |
| 37. | ☐ 大嗓门 | ☐ 孤僻 | ☐ 统治欲 | ☐ 懒惰 |
| 38. | ☐ 不专注 | ☐ 多疑 | ☐ 易怒 | ☐ 拖延 |
| 39. | ☐ 烦躁 | ☐ 报复型 | ☐ 轻率 | ☐ 勉强 |
| 40. | ☐ 善变 | ☐ 好批评 | ☐ 狡猾 | ☐ 妥协 |

把答案填入计分表，分别将四列中的每一列的分数加起来，然后再把优点、缺点两部分分数加起来，我们就可以知道自己的大概性格类型，同时也知道自己的组合类型。

**四种性格各自所具有的优点：**

| | S | M | C | P |
|---|---|---|---|---|
| 情感 | 性格活跃，爱说，爱讲故事，聚会中心人物，幽默、彩色记忆，能抓住听众，感情外露，热情奔放，好奇，天才演员，天真，喜欢送礼和接受礼物，情绪化，内心诚挚，永远长不大 | 深沉，好分析、严肃认真，目的性强，聪明有创造力，有音乐与艺术潜力，懂哲学、会作诗，喜欢美丽，对他人敏感，自我牺牲，理想主义 | 天生领导人，干劲十足，酷，好变化，定要矫枉过正，意志坚强，果断无感情，从不泄气，独立自主，自信 | 慢半拍，松松垮垮，悠闲，平和，冷静、耐心，满足现状，安静，有智慧、有同情心，和蔼，情感内向 |
| 工作 | 志愿者，总有新主意，表面轰轰烈烈，有创造力，色彩丰富，全力以赴投入工作，说干就干，鼓励并带领他人一起工作 | 计划性强，完美主义者，高品位，注意细节，固执，彻底，井井有条，整洁，会算计，能发现问题，并解决问题，善始善终，喜欢制图、列清单 | 目标明确，眼光全面，组织力强，解决问题不过夜，行动迅速，果断，坚持到底，好制订计划激励他人，在反对中成长 | 能胜任工作并持之以恒，平和可亲，有管理能力，中庸之道，逃避冲突，在压力下保持冷静，善找捷径 |

续表

| | S | M | C | P |
|---|---|---|---|---|
| 交友 | 易交朋友，爱别人，被称赞，被忌妒，不吝惜，善道歉、厌乏味，喜好自发活动 | 交友谨慎，愿当绿叶，不愿出面，忠实可靠，善于听抱怨，帮人解决困难，深切关怀他人，易被感动，寻找理想伙伴 | 无须朋友，为团队工作，会领导，善组织，总能做对，善于处理紧急事项 | 好相处，愉快待人，不伤人，最佳听众，爱挖苦人，爱观察人，多朋友，乐于关心他人 |

**四种性格各自所具有的缺点：**

| | S | M | C | P |
|---|---|---|---|---|
| 情感 | 唠叨，夸大其词，小题大做，记不住名字，唯恐别人离开，过于兴奋，自我吹嘘，说大话，爱抱怨，天真，不成熟，大嗓门儿，情绪化，易生气，永远长不大 | 总记住负面的东西，情绪低落，喜欢被伤害的感觉，远离这个社会，自我贬低，爱听好话，以自我为中心，过分自我反省，自责，庸人自扰，忧郁症倾向 | 霸道，缺乏耐心，急脾气，不会放松，鲁莽，喜争辩，不放弃，穷追不舍，不会恭维，不喜欢眼泪，缺乏感情，无同情心 | 缺乏热情，害怕，担忧，没主意，不愿负责，固执，自私，有话不说，折中主义 |
| 工作 | 光说不干，忘记职责，不彻底，易失去信心，无组织纪律，杂乱无章，情感决定一切，爱走神儿 | 不能忍受别人的工作干不好，干事犹豫，计划时间太长，愿分析而不愿干活，自我否定，难取悦，期望标准高，需要别人赞同 | 无法忍受出错，不分析细节，厌恶日常琐事，较粗鲁，过于直率，爱管人，支使他人，以工作为一切 | 目的性不强，缺乏自觉性，难以鼓动，厌强迫，懒惰，马虎，给别人泄气，宁愿在一边儿看着 |
| 交友 | 不愿独处，爱当主角儿，爱受欢迎，寻找信誉，控制谈话内容，好插嘴，不听他人的，健忘，多变，爱找借口，重复故事 | 没安全感，退缩，远离他人，爱批评人，感情内向，不喜欢被别人反对，怀疑别人，对立情绪，报复别人，不原谅，矛盾重重，一贯怀疑别人的话 | 利用他人，强迫别人，为别人做主，什么都知道，什么都能干好，过分独立，控制朋友与配偶，不会说"对不起"，有时是对的，但也不招人喜欢 | 缺乏热情，漠不关心，从不兴奋，爱评判他人，讽刺别人，不愿接受改变 |

## 荣格性格测试及分析

荣格将人的性格分为内向型和外向型两种最为基本的类型，了解自己的性格趋向将有利于完善自身，请你在回答下列问题时认真地加以完成，凭你的第一感觉选择出最符合你实际情况的选项。

对下列问题，若认为符合你的情况，就打"√"，若不符合打"×"，若难以判断打"△"：

1. 你很介意细节吗？
2. 你能立即下决心吗？
3. 你能慎重地花时间去做一些实际的事情吗？
4. 你能事后改变决心吗？
5. 与思考相比，你更喜欢行动吗？
6. 你忧郁吗？
7. 你能从失败中吸取教训吗？
8. 你无忧无虑吗？
9. 你寡言少语吗？
10. 你感情外露吗？
11. 你经常欢笑吗？
12. 你情绪经常起伏不定吗？
13. 你对待事物专心致志吗？
14. 你有忍耐力吗？
15. 你喜欢讲理和追根究底吗？
16. 你议论时易激动吗？
17. 你十分谨慎小心吗？
18. 你动作麻利吗？
19. 你的工作表详尽吗？

20.你喜欢令人注目、抛头露面的工作吗?
21.你对工作有热情吗?
22.你总是异想天开吗?
23.你清高吗?
24.你对身边的物品漫不经心吗?
25.你乱花钱吗?
26.你喜欢发言吗?
27.你挑剔吗?
28.你爱开玩笑吗?
29.你易被教唆吗?
30.你固执倔强吗?
31.你满腹牢骚吗?
32.你很介意他人对自己的看法吗?
33.你想得到他人的批评吗?
34.你把自己的事情委托给别人吗?
35.你不愿意被别人指挥、命令吗?
36.你能管理好他人吗?
37.你能直率地听进别人的意见吗?
38.你机灵吗?
39.你隐瞒什么吗?
40.你能立即同情他人吗?
41.你过于相信他人吗?
42.你难以忘记仇恨吗?
43.你腼腆、害羞吗?
44.你喜欢独处吗?
45.你愿意花精力去交朋友吗?
46.你在众人面前能平静地讲话吗?

47.你经常避开众人的焦点吗？
48.你能轻松爽快地与意见不同的人交往吗？
49.你好帮助别人吗？
50.你毫无吝惜地把东西送给他人吗？

每个问题画好√或×或△之后，填入下面表格的"转记栏"中，然后与"对照栏"中的√或×对照。在"∨标记"中把仅与"对照栏"中的√或×相同的画上"○"标记。

合计"○"的数量，然后，再合计"△"的数量，用2除。把前面的合计数和后面的合计数相加除以25，再乘以100，就得出你的向性指数。

|    | 对照栏 | 转记栏 | ∨标记 |    | 对照栏 | 转记栏 | ∨标记 |
|----|--------|--------|-------|----|--------|--------|-------|
| 1  | ×      |        |       | 26 | √      |        |       |
| 2  | √      |        |       | 27 | ×      |        |       |
| 3  | ×      |        |       | 28 | √      |        |       |
| 4  | √      |        |       | 29 | √      |        |       |
| 5  | √      |        |       | 30 | ×      |        |       |
| 6  | ×      |        |       | 31 | ×      |        |       |
| 7  | ×      |        |       | 32 | ×      |        |       |
| 8  | √      |        |       | 33 | ×      |        |       |
| 9  | ×      |        |       | 34 | √      |        |       |
| 10 | √      |        |       | 35 | ×      |        |       |
| 11 | √      |        |       | 36 | √      |        |       |
| 12 | √      |        |       | 37 | √      |        |       |

续表

|    | 对照栏 | 转记栏 | ∨标记 |    | 对照栏 | 转记栏 | ∨标记 |
|----|--------|--------|------|----|--------|--------|------|
| 13 | ×      |        |      | 38 | √      |        |      |
| 14 | ×      |        |      | 39 | ×      |        |      |
| 15 | ×      |        |      | 40 | √      |        |      |
| 16 | ×      |        |      | 41 | √      |        |      |
| 17 | ×      |        |      | 42 | ×      |        |      |
| 18 | √      |        |      | 43 | ×      |        |      |
| 19 | ×      |        |      | 44 | ×      |        |      |
| 20 | √      |        |      | 45 | ×      |        |      |
| 21 | √      |        |      | 46 | √      |        |      |
| 22 | ×      |        |      | 47 | ×      |        |      |
| 23 | ×      |        |      | 48 | √      |        |      |
| 24 | √      |        |      | 49 | √      |        |      |
| 25 | √      |        |      | 50 | √      |        |      |

判定的方法：

向性指数最高是200，最低是0。判定结果大于100，数字越大越外向；小于100，数字越小越内向。161以上是"强外向性"，59以下是"强内向性"，110到90之间，既不能说是外向性，也不能说是内向性，可以称之为"两向性"的中间性。

$$向性指数 = \frac{○的合计数 + \frac{1}{2}\triangle的合计数}{25} \times 100$$

### 1. 内向思维型性格测验

请回答下列问题，如果有12个或12个以上问题的答案为"是"，那么你的性格就属于内向思维型。

①你可以花很长时间去探究表明。
②你擅长检查细节。
③你喜欢讨价还价。
④你花钱时小心翼翼。
⑤你把每日工作计划好。
⑥你喜欢阅读或思考任何可以引发你兴趣的东西。
⑦你期望参与重大决策。
⑧有时你可以长时间地阅读，玩智力游戏，或思考、探索生命的本质。
⑨小心谨慎地完成一件事，是件有成就感的事。
⑩你是一个很准时的人。
⑪喜欢能刺激你思考的对话。
⑫你认为学习是为了满足内心的需求。
⑬你十分注重工作中的细节。
⑭你习惯于遵守规定。
⑮你喜欢使你思考、给你新观念的书。

内向思维型性格分析：

性格属于这种类型的人，他们希望理解的是个人的存在。他们部分陷入自我和个人的世界，在极端的情况下，会脱离现实太甚而沦为精神病患者。为随时保护自己，他们往往显现得冷漠无情。因为他们并不重视他人，他们渴望离群索居。他们并不在乎自己的思想是否为别人所接受，尽管他们的思想可能被极少数的一部人接受。他们容易变得顽固执拗、刚愎自用、不善于体谅他人，容易变得骄傲自大、敏感易怒、拒人于千里之外。

### 2. 内向直觉型性格测验

请回答下列问题，如果有7个或7个以上问题的答案为"是"，那么你的性格就属于内向直觉型。

①喜欢去说服别人。
②喜欢探求所有事实，再有逻辑性地做决定。
③善于聆听别人的倾诉。
④你会不断地思索一个问题，直到找出答案为止。
⑤你认为教育是个发展及终身学习的过程。
⑥你不喜欢为重大决策负责。
⑦能影响别人使你感到兴奋。
⑧朋友经常向你询问解决问题的方法。
⑨你必须彻底地了解事情的真相。

内向直觉型性格分析：

性格属于这种类型的人中最典型的代表是艺术家，但也包括梦想家和幻想家。和外向直觉型的人一样，他们也始终在寻找着新的可能性。但他们的全部努力，却从来也没有超出过直觉范围而使自己得到进一步的发展。由于他们的兴趣不能始终停留在一点上，因此他们总是在不同的兴趣点之间跳来跳去。但不管怎样，他们却总是拥有可供别人思考、整理并加以发展的绚丽多彩的直觉。

### 3. 内向情感型性格测验

请回答下列问题，如果有8个或8个以上问题的答案为"是"，那么你的性格就属于内向情感型。

①你用运动来强壮你的身体。

②在自己力所能及的范围内,你尽力去帮助别人。

③你对社会上有许多人需要帮助感到关注。

④你热衷于帮助别人发挥天赋和才能。

⑤你喜欢帮助别人找出可以互相关注其他人的方法。

⑥你喜欢户外运动。

⑦你经常关心孤独、不友善的人。

⑧你常起草一个计划,而由别人完成细节。

⑨你对别人的情绪低潮相当敏感。

⑩你愿意花时间帮别人解决问题。

⑪强壮而敏捷的身体对你很重要。

内向情感型性格分析:

属于这种类型的人多见于女性。她们不像外向情感型的人那样将自己的感情外露,而是把它深藏在内心。她们往往沉默寡言、难以捉摸、态度既随和又冷淡,但也往往给人内心和谐、恬淡宁静、怡然自得的感觉。事实上,她们内心也有某种强烈的情感,这种情感有时会出乎亲人朋友的意料而爆发一场情感风暴。

### 4. 内向感觉型性格测验

请回答下列问题,如果有5个或5个以上问题的答案为"是",那么你的性格就属于内向感觉型。

①你希望能做些与众不同的事。

②你有丰富的想象力。

③你希望自己的工作能够抒发你的情绪和感觉。

④当你从事创造性活动时,你会忘掉一切旧经验。

⑤你喜欢利用一切机会来发挥你的创造力。

⑥你期望能看到艺术表演、戏剧及好电影。

⑦你的心情受音乐、色彩、写作和美丽事物的影响极大。

内向感觉型性格分析：

性格属于这种类型的人，他们远离现实世界而沉浸在自己的主观感觉之中。与自己的内心世界相比，他们觉得外部世界是平淡寡味、了无生趣的。除了艺术之外，没有别的办法来表现自己，然而他们创作的作品又往往缺乏任何意义。而事实上，他们是思想和感情两方面都很贫乏的人。

### 5. 外向思维型性格测验

请回答下列问题，如果有12个或12个以上问题的答案为"是"，那么你的性格就属于外向思维型。

①你能自如地应付紧急事件。
②你喜欢监督事情直至完工。
③你不怕失败，回头再来。
④当你答应做一件事时，你会竭尽所能地监督所有细节。
⑤如果你和别人产生矛盾，你会不断地尝试化干戈为玉帛。
⑥升迁和进步对你是极重要的。
⑦你在解决问题前，必须把问题分析彻底。
⑧你喜欢独立完成一项任务。
⑨你喜欢使用双手做事。
⑩你认为要想成功，就必须定高目标。
⑪你渴望迈出众人之列，成为同行中的佼佼者。
⑫如果你来到一个陌生的环境，你会做充分的思想准备。
⑬你在开始一个计划前会花很多时间去计划。
⑭你自信会成功，而且一定成功。

外向思维型性格分析：

性格属于这种类型的人，他们的客观思维上升为支配其生命的激情。典型的例子就是科学家。这些科学家为了尽可能多地认识客观世界，奉献了自己毕生的精力。他们的目标是理解自然现象，发现自然规律，创立理论体系。达尔文和爱因斯坦在外向思维方向上获得了最充分的发展。这种类型的人常倾向于压抑自己天生中情感的一面，因而在别人眼中，他可能显得缺少鲜明的个性，甚至显得冷漠和傲慢。如果这种压抑过于严重，情感就会被迫采取迂回曲折甚至变态的方式来影响他的性格。他很可能变得专制、固执、自负、迷信，不接受任何批评。

### 6. 外向直觉型性格测验

请回答下列问题，如果有6个或6个以上问题的答案为"是"，那么你的性格就属于外向直觉型。

①面对繁重的工作，你能抓住重点。
②你喜欢直言不讳，不喜欢转弯抹角。
③你崇尚好问精神。
④你不在乎工作时把手弄脏，只要能完成工作。
⑤你喜欢竞争。
⑥你经常借着和别人的交谈来解决自己的问题。
⑦你愿意与人分享你的忧愁和痛苦。
⑧你具有冒险精神，喜欢接受各种各样的挑战。

外向直觉型性格分析：

性格属于这种类型的人多为女性。她们从一种心境跳跃到另一种心境，借以从现实世界中发现新的可能性。由于缺乏思维能力，她们常在没有解决一个问题前就又渴望解决另一个问题。她们忍受不了日常事物的烦琐，她们赖以生存的营养是那些新奇的东西。她们容易把自己的生命虚掷在一连串的直觉上，最终却一事无成。她们有许多的兴趣爱好，但很快就会厌倦并放弃这些爱好。她们通常很难固定地从事某一种工作。

### 7. 外向情感型性格测验

请回答下列问题，如果有10个或10个以上问题的答案为"是"，那么你的性格就属于外向情感型。

①你愿意冒一点危险以求进步。
②你对别人的困难乐于伸出援助之手。
③你一般能体会到某人想要和他人交流的欲望。
④你喜欢尝试新事物。
⑤你喜欢周围环境简单而实际。
⑥你希望能学习所有使你感兴趣的科目。
⑦亲密的人际关系对你很重要。
⑧你常能借着资讯网络和别人取得联系。
⑨你喜欢美丽、不平凡的事物。
⑩你选车时，最先注意的是好的引擎。
⑪你希望粗重的肢体工作不会伤害任何人。
⑫你认为和他人的关系丰富了你的生命并使它有意义。

外向情感型性格分析：

性格属于这种类型的人也多为女性。由于她们的情绪随外界的变化而变化，所以往往显得反复无常。外界的任何一点刺激都可能导致她们情绪的变化。由于思维功能受到过分的压抑，因此，外向情感型性格的人的思维能力都是极低的。

### 8. 外向感觉型性格测验

请回答下列问题，如果有12个或12个以上问题的答案为"是"，那么你的性格就属于外向感觉型。

①阅读新书是件令人兴奋的事。
②你喜欢把东西拆开，并修理它们。
③你不喜欢穿比较庄重的服装，而更加喜欢尝试新颜色和新

款式。

④你喜欢购买小零件，做成成品。

⑤你经常对大自然的奥秘保持好奇心。

⑥你经常保持整洁，喜欢有条不紊。

⑦你喜欢重新布置你的环境，使它们与众不同。

⑧你做事时必须有清楚的指引。

⑨没有美丽事物的生活，对你而言是件很可怕的事。

⑩你不愿受传统思想的束缚，而更加喜欢用新奇的办法解决问题。

⑪你觉得大自然的美深深地触动你的灵魂。

⑫你需要确切地知道别人对你的要求是什么。

⑬你擅长于自己制作、修理东西。

⑭你重视美丽的环境，喜欢把自己弄得很整洁。

外向感觉型性格分析：

性格属于这种类型的人，多见于男性，他们热衷于积累与现实世界有关的经验。他们是现实主义者、实用主义者，头脑清醒，但并不对事物过分地追根究底。他们按生活的本来面貌生活，并不将生活强打上自己思想的烙印。但他们也可以是耽于享乐的、追求刺激的。他们的情感一般是浅薄的，全部生活仅仅是为了从生活中获得一切能够获得的感觉。他们是典型的极端者，或者成为粗陋的纵欲主义者，或者成为浮夸的唯美主义者。

# 第六章 性格决定命运

> 在我们的现实生活中，人与人之间存在着巨大的差异：有的人能历尽磨难最终成就一番事业，而有的人则半途而废；有的人喜欢刺激的攀岩，而有的人则喜欢安全的慢跑；有的人向往轰轰烈烈的爱情，而有的人则追求平实的婚姻；有的人选择浪漫，而有的人则选择稳定。在人的一生中，除了机遇和才华，我们回头看一看就会发现，其实，一直在左右我们命运的，正是我们的性格。

## 怎样的性格决定怎样的命运

约翰·梅杰被称为英国的"平民首相"。这位笔锋犀利的政治家是白手起家的一个典型。他是一位杂技师的儿子，16岁时就离开了学校。他曾因算术不及格未能当上公共汽车售票员，饱尝了失业之苦。但这并没有击倒年轻的梅杰，这位信心十足、具有坚强毅力的小伙子终于靠自己的努力战胜了困境。经过外交大臣、财政大臣等8个政府职务的锻炼，他终于当上了首相，登上了英国的权力之巅。有趣的是，他也是英国唯一领取过失业救济金的首相。

正是约翰·梅杰这种不屈不挠、自信坚强的性格让他凭着自己的努力，从一个领救济金的人最终成为英国的首相。

在我们的生活中，还有一个活生生的例子，那就是感动过无数人的张海迪，她之所以能感动无数人，不仅因为她的成就，更因为她同时还是一个残疾人。

多年以来，曾动过3次大手术，摘除了6块椎板，严重高位截瘫，自第二胸椎以下全部失去知觉的张海迪，以保尔·柯察金的英雄形象鼓舞自己，凭惊人的毅力忍受着常人难以想象的痛苦，同病残做顽强的斗争，同时勤奋地学习，忘我地工作。她自修了小学、中学的主要课程，自学了英语、日语、德语等外语，翻译了近20万字的外文著作和资料。她还自学了针灸，并阅读了大量的医学专著，免费为病人诊断疾病。1992年她获中国作家协会庄重文学奖，1994年获全国奋发文明进步图书奖长篇小说一等奖，1993年张海迪获吉林大学哲学硕士学位。

对于一个残疾人来说，能取得比很多正常人更大的成就，她靠的就是性格带给她的力量。

好的性格能让人不管是在顺境还是在逆境中都能积极面对，并且不懈地努力，并最终取得成功。那么，相反，不良的性格往往会在关键时刻毁掉一个人的一生，进而造成悲剧性的结局。

韩信虽为一代名将，其性格却优柔怯懦。胯下之辱虽说明了他的忍，同时也说明了他的怯懦，倘若不是如此，他就不会惧怕刘邦，而会果断地反刘自立。

韩信其实不能忍，母亲的几句话，他就容忍不下，羞惭得无地自容，倘若能忍，何至于此。正因如此，开国之后，刘邦对他一贬再贬，他便忍耐不住了，怨声载道。倘若他真能忍住，断不会招来杀身之祸。

韩信不敢反，又不愿忍，从而形成了他优柔寡断的性格，他在优柔寡断中失去了一次又一次的机会。

也许，对于优柔性格的韩信来说，最理想的行为方式，就是让别人先反，自己在一旁优柔地观看，败则与己无关，胜则乘势而起。韩信确实这样做了，他让陈豨起兵，自己则优柔观望。然而，刘邦和吕后却不优柔，他们快刀斩乱麻地处决了韩信。

韩信在优柔中被杀，其实他并没有真反，而只是在犹豫，他是被硬拉上刑场的，我们不知是否直到临死那一刻，他才真正不再优柔。

在历史上，因性格上的缺陷而毁掉大好前程的又何止韩信一人呢？中国历史上第一位集大学者、大权谋家、大政治家于一身的李斯，作为秦国丞相曾经大红大紫、权倾一时，但最终他被腰斩于咸阳街头，全家老少都被杀害。李斯的一生是秦国政治的真实写照，也是他自身个性特征的体现和结果。

李斯出生于战国末年，是楚国上蔡人。少年时家境贫寒，年轻时曾经做过掌管文书的小官。

有一天，李斯上厕所，看到老鼠偷粪吃，老鼠又小又瘦，见人来就惊慌逃窜。过了不久，李斯又在国家的粮仓里看到老鼠在偷米吃，这些老鼠又肥又大，看见人来，不但不逃避，反而瞪着眼很神气的样子。李斯觉得很奇怪，仔细一想，他悟出一个道理：又瘦又小见人就逃的老鼠，是无所凭借；而又肥又大见人不逃避的米仓老鼠是有所凭借而已。

为了能做官仓里的老鼠，求得荣华富贵，李斯辞去了小吏的职务，前往齐国，去拜当时著名的儒家学者荀子为师。李斯十分勤奋，同荀子一起研究"帝王之术"，即怎样治理国家、怎样当官的学问。学成之后，他便辞别荀子，到秦国去了。由于李斯才华横溢，并且提出了许多治理国家的好建议，很快得到了秦始皇的重用。

韩非是李斯的同学，他们同在荀子门下求学。韩非著作极丰，秦王感叹道："我若能见到此人，和他交游，死而无憾。"

后来韩国在国势危急之际，起用韩非，让他出使秦国。李斯知道韩非的才能在自己之上，出于忌妒，他对秦王说："韩非是韩王的亲族，爱韩不爱秦，这是人之常理。"

秦王说："既然不能用，那就放走吧！"

李斯希望赶尽杀绝，他对秦王说："如果放他回韩国，他定会为韩王出谋划策，对秦国十分不利，不如在他羽翼未满之时将他杀掉。"

秦王听信了李斯的话，赐给韩非毒药，令他自尽，就这样，李斯除掉了他的对手。

而后，秦王统一了中国，李斯也升为丞相，职位越来越高，权势也越来越大。

公元前210年，秦始皇病逝，以赵高为首的旧贵族意欲立胡亥为帝。而要立胡亥为帝，就必须通过李斯，李斯身为丞相，掌握着最高权力，没有李斯的同意，胡亥是当不了皇帝的。当时，朝廷内部李斯是唯一一个可以揭露赵高、粉碎其篡位阴谋的人。但是，由于李斯软弱、妥协，更是因为他希望保住他的荣华富贵，他没有这样做。

为了让胡亥上台，赵高抓住李斯的弱点，用高官厚禄去引诱李斯，而李斯过于贪恋"富贵极矣"的社会地位，总想保全已经到手的既得利益，所以面对赵高的威胁和引诱，他听信了赵高，对赵高的阴谋未进行及时的揭露和制止。

胡亥继位以后，赵高便开始陷害李斯，最后使忍无可忍的李斯到秦二世面前揭露赵高的罪行，但秦二世非常信任赵高，并告诉了赵高。赵高进一步诋毁李斯："李斯最嫉恨的就是我，我一死，他就可以谋反了。"秦二世听后，立即把李斯逮捕入狱，并派赵高负责审讯。

李斯被套上了刑具,关进了监狱,并受严刑拷打、百般折磨,他忍受不了痛苦,只好供认了"谋反"的"罪行"。经过10余次的审讯,李斯被打得死去活来。后来,李斯被判处死刑。

李斯的悲剧结局,固然与当时的局势有关,但也与他的个性有很大关联。他的"老鼠哲学",注定了他是一个贪婪的人。为了自己的荣华富贵,他可以除掉他的同学韩非,甚至不惜帮助赵高实施阴谋,最终走入了赵高的陷阱,落得身首异处的可悲下场。一切的结局可谓是咎由自取,怪不了别人。

## 性格是可以改变的

性格特征的形成,在很大程度上取决于遗传。生来就神经过敏的人,与普通人相比,大都容易产生感情和情绪的反应,而且常常表现为感情用事,难以控制自己。那些感觉敏锐的人,也容易产生不安和恐怖的情绪,这在很大程度上也是由于遗传性自律神经系统的生理过程所造成的。不过,性格特征的形成,不仅取决于遗传方面的因素,而且还取决于环境因素——有的是从所处的环境中学来的。

因此,性格特征就"生来具备"而言,在一段相当长的时间里基本上不会发生什么变化,或者说由于形成得早,所以变化极其有限;而就"受环境影响"和"人在不断地趋于成熟"而言,则是会发生变化的。这正如水流经过管道的时候,它的形状是管道的形状;生命流经个体的时候,它的形状是个体思想的形状。

相传,在古印度有这样一个故事:有一段时间,地球上所有的人都是神,但人类是如此罪恶并滥用神权,以至梵天——一切众生之父,决定剥夺人类所拥有的神性,并把它藏到人们永远也不会重新发现的地方,以免他们滥用它。"我们将它深埋在地下。"其他神说道。"不,"梵天说,"因为人们会挖掘到地层深处并发现它。""那么我们将它沉于最深的海。"其他神说道。"不,"梵天说,"因为人们会潜到海底发现它。""我们将它藏于最高的山上。"其他神说。"不,"梵天说,"因为人类总有一天会爬上地球的每座山峰捕捉到神性。""那我们实在不知道应把它藏在哪儿,人类才不会发现它。"其他神说道。"我告诉你们,"梵天说,"把它藏在人类身上,他们绝不会想到去那里寻找。"诸神赞成。

因此,我们每一个人只要从自身出发,找到藏在"自身"的神性,并用它来改造和完善我们的性格,那么,我们也将变得更完美。

俗话说:"江山易改,本性难移。"其实并不尽然。人的本性是比较难改,但并不是不能改变的。民族英雄林则徐为了改掉自己急躁的性格,曾在书房醒目处挂起自己亲笔书写的"制怒"的横匾,以此自警自戒,陶冶自己的情操。美国人本杰明·富兰克林也并非生来就具有完美的性格,在当时就有人曾批评富兰克林主观傲慢,他认真反思后,给自己立下了一条规矩:绝不正面反对别人的意见,也不准自己武断行事。他还给自己提出了具体改正的要求,以克服自己性格中的缺陷,这也正是他成功的一个秘诀。

其实,我们每一个人的性格中都有优点和缺点,但总是有很多人把自己性格上的弱点当成自己不成功的借口,拒绝跳出自己编制的网。我们往往忽略了我们完全可以通过改变自己的性格来重塑我们的人生,并取得成功。所以,我们必须学会突出自己的优势,改变性格中的缺陷,再加上自己的智慧和努力,相信成功很快就在眼前了。

## 命运掌握在自己手里

摊开你的手掌，你会发现：你的手掌上布满了在"算命学"和"相术"中决定命运的纹路线条，倘若这些纹路和线条真的能表示一个人的命运，那么，上帝将这个奥秘偏偏藏在我们每一个人的手心里是不是又很耐人寻味呢？那是因为，上帝想告诉我们每一个人："命运，掌握在你自己手中。"

有一天，苏东坡和佛印两个人在杭州同游，两人信步走到天竺寺，苏东坡看到寺内的观世音塑像手里拿着念珠，就问佛印说："观世音菩萨既然是佛，为什么还拿念珠，这到底是什么意思？"

佛印说："拿念珠也不过是为了念佛号。"

东坡又问："念什么佛号呢？"

佛印说："也只是念观世音菩萨的佛号。"

东坡又问："她自己是观世音，为什么要念自己的佛号呢？"

佛印回答道："那是因为求人不如求己呀！"

佛印的一句"求人不如求己"道出了命运的天机。很多时候，我们总是希望天上会掉馅饼，总是希望人生能有一个依靠，其实，很多人都不明白，生命线就在自己的手心里，人生的一切都掌握在自己的手里。只有你可以替你自己选择和决定你的人生，不要总是期待不劳而获地拥有，因此，须主动找寻出自己最合适的位置与角色，不要苦等别人的安排；既然决定了，就不再三心二意，冷静发挥百分之百的力量，终究能引出别人百分之百的回应。

我们想要的人生，其实就掌握在我们手中，就看我们如何去经营。

每个人都是一座金矿，每个人都有无比巨大的潜能，而挖掘者就是自己。人生的命运就掌握在自己的手中，人生成功与否由自己决定。如果明白了这个道理，我们就不会因为自己是一个穷人、是一个下层人物，而怨天尤人、满腹牢骚或愤愤不平，就不会受自卑困扰、懒得行动而坐以待毙。下定决心，奋斗，拼搏，勇往直前，成功就属于自己。

有这么一个人，他就是坚信命运掌握在自己手中，从而不断地努力，并最终把握住了自己的命运并改变了自己的命运：

8岁时，由于家庭原因，他必须自谋生计；

21岁时，做生意失败；

22岁时，角逐州议员失败；

24岁时，做生意再次失败，并欠下一大笔债，用了17年才还清；

26岁时，伴侣去世；

27岁时，曾一度精神崩溃，卧床半年；

29岁时，候选州议员发言人失败；

34岁时，角逐联邦众议员落选；

35岁时，参加国会大选失败；

36岁时，角逐联邦众议员再度落选；

40岁时，连任众议员，失败；

41岁时，任州土地局长被拒绝；

45岁时，角逐联邦参议员落选；

47岁时，提名副总统落选；

49岁时，角逐联邦参议员再度落选；

52岁时，当选美国第16任总统。

这个从生下来就一贫如洗，终其一生都挫折不断，两次经商均告失败，8次竞选8次落选，甚至还曾一度精神崩溃的人就是亚伯拉罕·林肯。

然而，一次次的失败并没有让他放弃，反而使他越挫越勇。也正是因为他坚韧的性格和不懈的努力，在他52岁时，终于成功地当选为美国第16任总统。

无论是面临生命中的任何问题抑或是面对生活中的任何困难，我们都应该牢记我们的命运掌握在自己的手中，只要我们不断努力，我们不仅可以改造我们的性格，更能改变我们的命运。

## 用性格来改变你的人生

心理学研究结果表明：一个人性格的好与坏在很大程度上对其事业成功与否、家庭生活幸福与否、人际关系良好与否起了决定性的作用。健全的个性是事业成功的基础、家庭幸福的根基、人际关系良好的基石。21世纪是文化科技高速发展的时代，健全的个性是通向成功的护身符。

心理学家曾一再告诫世人：改善你的个性，健全你的个性，扼住命运的咽喉，做命运的主人。要改善自己的个性、健全自己的个性，前提是要认识自己的个性，找到自己性格中尚存在的缺陷，对症下药，为明天的成功铺一块基石。

欧玛尔是英国历史上著名的剑术高手，他有一个实力相当的对手，两个人互相挑战了30年，却一直难分胜负。有一次，两个人正在决斗的时候，欧玛尔的对手不小心从马上摔了下来，欧玛尔看见机会来了，立刻拿着剑从马上跳到对手身边，这时只要一剑刺去，欧玛尔就能赢得这场比赛了。欧玛尔的对手眼看着自己就要输了，因此感到非常愤怒，情急之下便朝欧玛尔的脸上吐了一口口水，这不但是为了表达自己的怒气，也是为了要羞辱欧玛尔。没想到欧玛尔在脸上被吐了口水之后，反而停下来对他的对手说："你起来，我们明天再继续这场决斗。"欧玛尔的对手面对这个突如其来的举动，感到相当诧异，一时间有点不知所措。

欧玛尔向这位缠斗了30年的对手说："这30年来，我一直训练自己，让自己不带一丝一毫的怒气作战，因此，我才能在决斗中保持冷静，并且立于不败之地。刚才，在你向我吐口水的那一瞬间，我知道自己生气了，要是在这个时候杀死你，我一点都不会有获得胜利的感觉。所以，我们的决斗明天再开始。"

可是，这场决斗却再也没有开始。因为，欧玛尔的对手从此以后变成了他的学生，他也想学会如何不带着怒气作战。

试想，如果当初欧玛尔因对手的那口口水而一剑刺向对手，那么，他肯定成不了历史上著名的剑术高手，他的剑术也会因他易怒的性格而大打折扣。所幸的是，他平时在改造自己易怒的性格上的努力最终让他不仅赢得了胜利和荣誉，更是赢得了对手的友谊。

改变性格所带来的除了技艺的精湛和人际关系的和谐外，还往往能带来意想不到的商机，狮王牙刷公司的加藤信三便是很好的例子：

加藤信三是日本狮王牙刷公司的小职员。起床后，他匆匆忙忙地洗脸、刷牙，不料，急忙中出了一些小乱子，牙龈被刷出血来!加藤信三不由火冒三丈。因为刷牙时牙龈出血的情况已不止一次发生过了。他本想到公司技术部大发一通脾气，但走到半路上，他努力让自己的怒火平息下来，并开始回想自己刷牙的过程，才发现自己一直都太急躁，但同时加藤发现了一个为常人所忽略的细节：他在放大镜下看到，牙刷毛的顶端由于机器切割，都呈锐利的直角。"如果通过一道工序，把这些直角都磨成圆角，那么问题就完全解决了!"于是，加藤信三一改往日的急躁、粗心，在一次次试验后终于把新产品的样品正式向公司提出。公司很乐意改进自己的产品，迅速投入资金，把全部牙刷毛的顶端改成了圆角。

改进后的狮王牌牙刷很快受到了广大顾客的欢迎。对公司做出巨大贡献的加藤从普通职员晋升为科长，十几年后成为了公司董事长。

## 第七章 良好的性格成就辉煌人生

由于一个人的命运是由他的性格所决定的，因此，良好的性格势必对我们能力的发挥，对我们的事业、爱情及人际关系都会起到积极的正面影响，而良好的性格也可以说本身就是人生一笔巨大的财富。

## 良好的性格是人生一笔巨大的财富

公元前5世纪初，雅典西南的洛里安姆银矿场开采出一条价值连城的优质银矿脉，而且，在极短的时间之内，这个新矿层就产出了好几吨纯银。

正因为有了这个在洛里安姆矿场意外发现的"世界宝藏金银之泉"，雅典才一跃成为地中海东部的海上霸主和希腊世界的领袖。不久，雅典还成为古典时期知识荟萃、艺术生辉的中心。一个宝藏的开掘改变了雅典的历史，铸就了西方文明的辉煌。

一个城市，乃至一个文明的诞生就是因为发现了一个矿藏。那么，如果我们每一个人都能像挖掘宝藏一样来挖掘上帝早已藏在我们内心的良好的性格,那么,我们也可以凭借我们的优良性格——这样一个宝藏来改变我们的人生。

成功的人在他成功的背后一定都有某些优良的性格在支撑着他。曾经有位美国记者采访晚年的投资银行一代宗师J.P.摩根,问道:"决定你成功的条件是什么?"

摩根不假思索地说:"性格。"

记者再问:"资金重要还是资本更重要?"

摩根答道:"资本比资金更重要,但最重要的是性格。"

摩根曾经成功地在欧洲发行美国公债,采纳无名小卒的建议轰轰烈烈地开展钢铁托拉斯计划,还曾经力排众议推行全国铁路联合……他的奋斗史、他的开创性伟业,根本上是源于他倔强、坚强和敢于创新的性格。

1998年5月,沃伦·巴菲特应几百名学生的邀请去华盛顿大学演讲。有学生问了他一个有趣的问题:"你怎么变得比上帝还富有呢?"巴菲特回答说:"这个问题非常简单,原因不在智商。为什么聪明的人会做一些阻碍自己发挥全部功效的事情呢?原因在于他的习惯、性格和脾气。"

在这些成功人士的身上,我们很容易感觉到成功背后的性格力量,正如摩根和巴菲特对性格对于成功的重要性的肯定。最后,让我们一起来分享一句话:"妥善调整过的自己,比世上任何君王都更加尊贵。"这是因为良好的性格是人一生一笔巨大的财富。

## 自信是开启人生成功之门的金钥匙

既然别人无法完全模仿你,也不一定做得来你能做得了的事,试想,他们怎么可能给你更好的意见?他们又怎能取代你的位置，来替你做些什么呢？所以，这时你不相信自己，又有谁可以相信？

坚强的自信，常常使一些平常人也能够成就神奇的事业，成就那些天分高、能力强但多虑、胆小、没有自信心的人所不敢尝试的事业。

你的成就大小，往往不会超出你自信心的大小。假如拿破仑没有自信的话，他的军队不会爬过阿尔卑斯山。同样，假如你对自己的能力没有足够的自信，你也不能成就重大的事业。不企求成功、期待成功而能取得成功，是绝不可能的。成功的先决条件，就是自信。

自信心是比金钱、权势、家世、亲友等更有用的条件。它是人生可靠的资本，能使人努力克服困难，排除障碍，去争取胜利。对于事业的成功，它比任何东西都更有效。

假如我们去研究、分析一些有成就的人的奋斗史，我们可以看到，他们在起步时，一定有充分信任自己能力的坚强自信心。他们的心情、意志，坚定到任何困难险阻都不足以使他们怀疑、恐惧，他们也就能所向无敌了。

我们应该有"天生我材必有用"的自信，明白自己立于世，必定有不同于别人的个性和特色，如果我们不能充分发挥并表现自己的个性，这对于世界，对于自己都是一个损失。这种意识，一定可以使我们产生坚定的自信并助我们成功。

然而，没有人天生自信，自信心是志向、是经验、是由日积月累的成功哺育而成的。它来自经验和成功，又对成功起极大的推动作用。

也正因为自信并非天生，所以，自信可以从家庭中逐渐灌输，或是自我培养。有些人认为成功者对自己的信心比较强，其实不见得。没有一个成功者不曾感到过恐惧、忧虑，只是他们在恐惧时，都有办法克服恐惧感。大多数成功者有办法提升自己的自信。成功的人知道如何克服恐惧、忧虑，第一个方法就是唤起内心的自信。

成功者也并不是经常都能够击败恐惧与忧虑的，但是重要的是他们能够建立自信。一个阶段成功之后，接着才能想象下一个阶段。随着成功的不断累积，自信就会成为你性格的一部分。

幼时父母双亡的19世纪英国诗人济慈，一生贫困，备受文艺批评家抨击，恋爱失败，身染痨病，26岁即去世。但济慈一生虽然潦倒不堪，却从来没有向困难屈服过。他在少年时代读到斯宾塞的《仙后》之后，就肯定自己也注定要成为诗人。一次他说："我想，我死后可以跻身于英国诗人之列。"济慈一生致力于这个最大的目标，并最终成为一位永垂不朽的诗人。

相信自己能够成功，成功的可能性就会大为增加。如果自己心里认定会失败，就很难获得成功。没有自信，没有目标，你就会俯仰由人，终将默默无闻。

由此可知，自信对于一个人来说是多么重要，而它对于我们人生的作用也是多元而重要的，这主要表现在：

①自信心可以排除干扰，使人在积极肯定的心态支配下产生力量，这种力量能推动我们去思考、去创造、去行动，从而完成我们的使命，促成我们的成功。

②面对物欲横流的世界，面对许多不确定的因素，有信心的人，能坚守自己的理想、信念而不动摇，从而按自己的心愿，找到通向成功和卓越的道路。

③信心赢得人缘。信心可以感染别人，一方面激发别人对你的认可，另一方面使更多的人获得信心。这样就容易赢得他人的

好感，具有良好的人缘。而人缘好，是人生的一大财富。

从古至今，人们出于创造更美好的生活的目的，对人的信心抱着崇高的期望。自信心的力量是巨大的，是追求成功者的有力武器。信心是成功的秘诀。拿破仑·希尔说："我成功，因为我志在战斗。"

不论一个人的天资如何、能力怎样，他事业上的成就，总不会超过其自信所能达到的高度。如果拿破仑在率领军队越过阿尔卑斯山的时候，只是坐着说："我们是很难翻过这座山的。"无疑，拿破仑的军队永远不会越过那座高山。所以，无论做什么事，坚定不移的自信心，都是通往成功之门的金钥匙。

自信比金钱、势力、出身、亲友更有力量，是人们从事任何事业的最可靠的资本。自信能排除各种障碍、克服种种困难，能使事业获得完满的成功。有的人最初对自己有一个恰当的估计，自信能够处处胜利，但是一经挫折，他们却又半途而废，这是因为他们自信心不坚定的缘故。所以，树立了自信心，还要使自信心变得坚定，这样即使遇到挫折，也能不屈不挠、向前进取，绝不会因为一时的困难而放弃。

那些成就伟大事业的卓越人物在开始做事之前，总是会具有充分信任自己能力的坚定的自信心，深信所从事之事业必能成功。这样，在做事时他们就能付出全部的精力，破除一切艰难险阻，直达成功的彼岸。

美国有一位身高仅1.60米的运动员，他就是蒂尼·博格斯——NBA（National Basketball Association美国全国篮球协会）最矮的球星。博格斯这么矮，怎么能在巨人如林的篮球场上竞技，并且跻身大名鼎鼎的NBA球星之列呢？这是因为博格斯的自信。

博格斯从小就喜爱篮球，可因长得矮小，伙伴们都瞧不起他。有一天，他很伤心地问妈妈："妈妈，我还能长高吗？"妈妈鼓励他："孩子，你能长高，长得很高很高，会成为人人都知道的大球星。"从此，长高的梦像天上的云在他心里飘动着，每时每刻都在闪烁希望的火花。

"业余球星"的生活即将结束了，博格斯面临着更严峻的考验——1.60米的身高能打好职业赛吗？

蒂尼·博格斯横下一条心，要靠1.60米的身高闯天下。"别人说我矮，反而成了我的动力，我偏要证明矮个子也能做大事情。"在威克·福莱斯特大学和华盛顿奇才队的赛场上，人们看到蒂尼·博格斯简直就是个"地滚虎"，从下方来的球90%都被他收走，他越是个儿矮越是飞速地低运球过人……

后来，蒂尼·博格斯进入了黄蜂队（当时名列NBA第3），在他的一份技术分析表上写着：投篮命中率50%，罚球命中率90%。

一份杂志专门为他撰文，说他个人技术好，发挥了矮个子重心低的特长，成为一名使对手害怕的断球能手。许多广告商推出了"矮球星"的照片，上面是博格斯淳朴的微笑。

他曾多次被评为该队的最佳球员。

博格斯至今还记得当年他妈妈鼓励他的话，虽然他没有长得很高很高，但可以告慰妈妈的是，他已经成为人人都知道的大明星了。

后来，这位球星说，他要写一本传记，主要是想告诉人们："要相信自己，只有相信自己，才能成功。"

这个故事告诉我们，名人也不是完美的，他们也不是生来就是自信的，他们也有过不自信的时候，但是，他们的成功在于他们不断地磨炼和提升了自己的自信，因此，只有把自信深深扎根于我们心中，我们才能更好地利用自信，那么，我们应该如何来培养自己的自信呢？

①建立自信，首先要了解自己，认识自己，根据自身的条件和现实环境，使自己的长处得到发挥。

②不论什么集会，都要鼓足勇气，坐到最前排。

③当别人和自己说话时，要正视对方的眼睛，要让对方感觉到你们是平等的，你有信心赢得他的敬重。

④通过提高自己走路的速度，来改变自己的心情。

⑤养成主动与别人说话的习惯来增强自己的自信心。

⑥经常默读"有志者事竟成""积少成多，聚沙成塔"，"黑暗中总有一线光明"等励志的谚语，增强自己的自信心。

⑦经常放声大笑。

## 乐观的性格让你笑对人生风云

人生如同一只在大海中航行的帆船，掌握帆船的航向与命运的舵手便是自己。有的帆船能够乘风破浪，逆水行舟，而有的却经不住风浪的考验，过早地离开大海，或是被大海无情地吞噬。之所以会有如此大的差别，不在别的，而是因为舵手对待生活的态度不同。前者被乐观主宰，即使在浪尖上也不忘微笑；后者是悲观的信徒，即使起一点风也会让他们胆战心惊，祈祷好几天。一个人或是面对生活闲庭信步，抑或是消极被动地忍受人生的凄风苦雨，都取决于对待生活的态度。

生活如同一面镜子，你对它笑，它就对你笑；你对它哭，它也以哭脸相示。

一个人快乐与否，不在于他处于何种境地，而在于他是否持有一颗乐观的心。对于同一轮明月,在泪眼蒙眬的柳永那里就是:"杨柳岸,晓风残月。此去经年,应是良辰好景虚设。"而到了潇洒飘逸、意气风发的苏轼那里,便又成为:"但愿人长久,千里共婵娟。"同是一轮明月,在持不同心态的人眼里,便是不同的,人生也是如此。

上天不会给我们快乐,也不会给我们痛苦,它只会给我们生活的佐料,调出什么味道的人生,那只能在我们自己。你可以选择从一个快乐的角度去看待它,也可以选择从一个痛苦的角度去看待它,同做饭一样,你可以做成苦的,也可以做成甜的。所以,你的生活是笑声不断,还是愁容满面,是披荆斩棘,勇往直前,还是缩手缩脚,停滞不前,这不在他人,都在你自己。

一个人如果心态积极,乐观地面对人生,乐观地接受挑战和应付麻烦事,那他就成功了一半。

在人生的旅途上,我们必须以乐观的态度来面对失败。因为在人生之路上,一帆风顺者少,曲折坎坷者多,成功是由无数次失败构成的,正如美国通用电气公司创始人沃特所说:"通向成功的路就是把你失败的次数增加一倍。"但失败对人毕竟是一种"负性刺激",总会使人产生不愉快、沮丧、自卑。那么,如何面对、如何自我解脱,就成为能否战胜自卑、走向自信的关键。

面对挫折和失败,唯有乐观积极的心态,才是正确的选择。其一,坚韧不拔,不因挫折而放弃追求;其二,注意调整原先脱离实际的"目标",及时改变策略;其三,用"局部成功"来激励自己;其四,用自我心理调适法,提高心理承受能力。

既然乐观的性格对于我们每一个人来说是如此之重要,那么,我们更应该注意加强对乐观心态的培养:

### 1. 要心怀必胜、积极的想法

当我们开始运用积极的心态并把自己看成成功者时,我们就开始成功了。但我们绝不能仅仅因为播下了几粒积极乐观的种子，然后指望不劳而获，我们必须不断给这些种子浇水，给幼苗培土施肥，才会收获成功的人生。

## 2. 用美好的感觉、信心与目标去影响别人

随着你的行动与心态日渐积极，你就会慢慢获得一种美满人生的感觉，信心日增，人生的目标也越来越清晰，而别人也会被你所吸引，进而被你所影响。

## 3. 学会微笑

微笑是上帝赐给人类的专利，微笑是一种令人愉悦的表情。面对一个微笑着的人，你会油然感到他的自信、友好，同时这种自信和友好也会感染你，使你也油然而生出自信和友好来，使你和对方亲切起来。微笑可以鼓舞对方，可以融化人们之间的陌生和隔阂。

永远也不要消极地认为什么事都是不可能的。首先你要认为你能，然后去尝试、再尝试，最后你发现你确实能。所以，把"不可能"从你的字典里去掉，把你心中的这个观念铲除掉。谈话中不提它，想法中排除它，态度中去掉它，抛弃它，不再为它提供理由，不再为它寻找借口，用"可能"代替它。

## 4. 经常使用自动提示语

积极心态的自动提示语不是固定的，只要能激励我们积极思考、积极行动的词语，都可以成为自我提示语。经常使用这种自我激发行动的语句，并融入自己的身心，就可以保持积极心态，抑制消极心态，形成强大的动力，进而达到成功的目的。

## 宽容的性格是滋补心灵的鸡汤

古希腊神话中有一位大英雄叫海格里斯。一天他走在坎坷不平的山路上,发现脚边有个袋子似的东西很碍脚,海格里斯踩了那东西一脚,谁知那东西不但没有被踩破,反而膨胀起来,加倍地扩大着。海格里斯恼羞成怒,操起一条碗口粗的木棒砸它,那东西竟然长大到把路堵死了。

正在这时,山中走出一位圣人,对海格里斯说:"朋友,快别动它,忘了它,离它远去吧!它叫仇恨袋,你不犯它,它便小如当初,你侵犯它,它会膨胀起来,挡住你的路,与你敌对到底!"

我们在茫茫人世间,难免与别人产生误会、摩擦。如果不注意,在我们轻动仇恨之时,仇恨袋便会悄悄成长,最终会导致堵塞了通往成功之路。所以我们一定要记着在自己的仇恨袋里装满宽容,那样我们就会少一分烦恼,多一分机遇。宽容别人也就是宽容自己。

学会宽容,对于化解矛盾,赢得友谊,保持家庭和睦、婚姻美满,乃至事业的成功都是必要的。因此,在日常生活中,无论对子女、对配偶、对同事、对顾客等都要有一颗宽容的爱心。

哲人说,宽容和忍让的痛苦,能换来甜蜜的结果。这话千真万确。古时候有个叫陈嚣的人,与一个叫纪伯的人做邻居。有一天夜里,纪伯偷偷地把陈嚣家的篱笆拔起来,往后挪了挪。这事被陈嚣发现后,心想,你不就是想扩大点地盘吗,我满足你,他等纪伯走后,又把篱笆往后挪一丈。天亮后,纪伯发现自家的地又宽出了许多,知道是陈嚣在让他,他心中很惭愧,主动找陈家,把多侵占的地统统还给了陈家。

忍让和宽容说起来简单,可做起来并不容易。因为任何忍让和宽容都是要付出代价的,甚至是痛苦的代价。人的一生谁都会碰到个人的利益受到他人有意或无意的侵害的事情。为了培养和锻炼良好的素质,你要勇于接受忍让和宽容的考验,即使感情无法控制时,也要管住自己的大脑,忍一忍,就能抵御急躁和鲁莽,控制冲动的行为。如果能像陈嚣那样再寻找出一条平衡自己心理的理由,说服自己,那就能把忍让的痛苦化解,产生出宽容和大度来。

生活中有许多事当忍则忍,能让则让。忍让和宽容不是怯懦胆小,而是关怀体谅。忍让和宽容是给予,是人生的一种智慧,是建立人与人之间良好关系的法宝。一个人经历一次忍让,会获得一次人生的靓丽,经历一次宽容,会打开一道爱的大门。

宽容是一种艺术,宽容别人,不是懦弱,更不是无奈的举措。在短暂的生命中学会宽容别人,能使生活中平添许多快乐,使人生更有意义。当我们在憎恨别人时,心里总是愤愤不平,希望别人遭到不幸、惩罚,却又往往不能如愿,一种失望、莫名烦躁之后,使我们失去了往日那轻松的心境和欢快的情绪,从而心理失衡;另一方面,在憎恨别人时,由于疏远别人,只看到别人的短处,言语上贬低别人,行动上敌视别人,结果使人际关系越来越僵,以致树敌为仇。我们"恨死了别人"。这种嫉恨的心理对我们的不良情绪起了不可低估的作用。

而且,今天记恨这个,明天记恨那个,结果朋友越来越少,对立面越来越多,严重影响人际关系和社会交往,成为"孤家寡人"。这样一来,不仅负面生活事件越来越多,而且自身的承受能力也越来越差,社会支持则不断减少,以致情绪一落千丈,一蹶不振。可见,憎恨别人,就如同在自己的心灵深处种下了一粒苦种,不断伤害着自己的身心健康,而不是如己所愿地伤害被我们所憎恨的人。所以,在遭到别人伤害,心里憎恨别人时,不妨做一次换位思考,假如你自己处于这种情况,会如何应付?当你熟悉的人伤害了你时,想想他往日在学习或生活中对你的帮助和关怀,以及他对你的一切好处,这样,心中的火气、怨气就会大减,就能以包容的态度谅解别人的过错或消除相互之间的误会,化解矛盾,和好如初。这样,包容的是别人,受益的却是自己。自己就能始终在良好的人际关系中心情舒畅地学习与工作。

无论你一生中碰到如何不顺利的事情,遭遇到如何凄凉的境界,你仍然可以在你的举止之间,显示出你的包容、仁爱,你的一生将受用无穷。

春秋时期,楚庄王是个既能用人之长又能容人之短的人。

在一次庆功会上,楚庄王的爱妾许姬为客人们倒酒。忽然一阵风吹来,把点燃的蜡烛刮灭了,大厅里一片漆黑。黑暗中有人拉了许姬飘舞起来的衣袖。聪明的许姬便趁势摘下了那个人的帽缨,接着便大声请求庄王掌灯追查。胸怀大度的庄王认为,这个臣子可能是酒后失态,不足为怪。庄王对许姬说:"武将们是一群粗人,发了酒兴,又见了你这样的美人,谁能不动心?如果查出来治罪,那就没趣了。"他立即宣布,此事不必追查。还让在座的人都在黑暗中取下帽缨,并为这次宴会取名为"摘缨会"。

后来,楚国攻打郑国。有个叫唐狡的将军作战英勇,屡立战功。事后,他找到庄王,当面认罪说:"臣乃先殿上绝缨者也!"

由于楚庄王胸襟开阔,宽厚容人,对下属不搞求全责备,于是才保住了人才,调动了他们最大的积极性。

其实,学着去宽容对待别人和自己并没有我们想象中的那么难,在我们生活中的一些细节之处能做到以下几点就很不错了:

### 1. 得理且饶人

不要抓住他人的错误或缺点不放,得饶人处且饶人,这样不仅会减少矛盾,也会提升自己的善良品质,进而会形成一种良好的社会风气。这种与人为善、悲悯众生的品德,正是人类生存所需要的美德。有缺陷,有急难,甚至有罪的芸芸众生,谁没有一处两处需要别人帮助呢?从根本上说,谁又有资格装出天主的样子来审判和惩罚他人呢?谁没有偶尔疏忽或急中出错,需要别人宽恕的时候呢?如果我们拘泥于这种低层次的偏执,则不仅会使他人尴尬难堪,悲从中生,也会让自己无端生仇。而且在人的这种相互计较中,社会阴暗面上升了。从某种意义上来说,向善大于任何对错是非和人间法律。记住这些话,不为难人,得饶人处且饶人。不仅对一般人,也包括那些与我们结有仇怨,甚至是怀有深仇大恨的人。做人要给他人善缘,对他人宽容。

### 2. 爱我们的敌人

爱我们的敌人是一个颠扑不破的真理。在这个世界上,充满包容的心灵里是不会有任何敌人的。"爱我们的敌人",这一处世之道包含了真知灼见,因为如果憎恨我们的敌人,只会使正在燃烧的怒火火上浇油,而宽容则能熄灭我们的仇恨之火。

在我们身上有这样一种规则:用善意来回应善意,用凶残来回应凶残。即使是动物也会对我们的各种思想做出相应的反应。一个驯兽员通过亲切友好的善意,用一根细绳便能指挥一头野兽,但如果靠暴力,也许十个人都不能将这只野兽动一下。一个佛教信徒说:"如果一个人对我不怀好意,我将慷慨地施予我的包容、仁爱之意。他的邪恶意图越强,我的善良之意就越多。"

### 3. 善于自制

我们要宽容一个侵犯我们尊严、利益的人,这宽容中本来就包含着自制的内容。一个不能控制自己的人,往往情绪激动,指手画脚,会把本来可以办成的事办砸了。这是成大事者的大忌。

因此,为人处世要以身作则。只有自己做好了,才能让别人信服,同样,只有有自制力的人,才能很好地宽容他人。

### 4. 求同存异

人与人之间的冲突，很多是因为个性上的差异。其实，只要我们用宽容的心态求同存异，人际关系肯定会有很大改观的。和人相处，如果总是强调差异，就不会相处融洽。强调差异会使人与人之间距离越来越远，甚至最终走向冲突。

要减少差异，就要设身处地为别人着想，以达成共识。为别人着想，就会产生同化，彼此间的关系就会更加融洽。如果把注意力放在别人和自己的共同点上，与人相处就会容易一些。同化就是找共同点。

用宽容之心把自己融进对方的世界，这个时候，无需恳求、命令，两人自然就会合作做某件事情。没有人愿意和那些跟自己作对的人合作。在人与人交往的过程中，每一个人都会有意无意地在想："这人是不是和我站在同一立场上？"人与人之间的关系，要么非常熟悉，要么非常冷漠，要么立场相同，要么南辕北辙，不管人和人有多么不同，在这一点上，你和你眼中的对手倒是一致的。唯有先站在同一立场上，两人才有合作的可能。就算是对手，只要你找出和他共同的利益关系，你们就可以很快走到一起来。

## 坚忍的人才能站得比别人更高

唯有坚忍不拔才能克服任何困难。一个人有了持久心，谁都会对他赋予完全的信任；有了持久心的人到处都会获得别人的帮助。对于那些做事三心二意、无精打采的人，谁都不愿信任或援助他，因为大家都知道他们做事靠不住。

探究一些人失败的原因,并不是他们没有能力、没有诚心、没有希望,而是因为他们没有坚忍不拔的持久心,这种人做起事来往往有头无尾,东拼西凑。他们怀疑自己是否能够成功,永远决定不了自己究竟要做哪一件事,有时他们看好了一种工作,以为绝对有成功的把握,但中途又觉得还是另一件事比较妥当顺利。这种人到头来总是以失败告终,对他们所做的事不仅别人不敢担保,而且连他们自己也毫无把握。他们有时对目前的地位心满意足,但不久又产生种种不满的情绪。

坚忍,是克服一切困难的保障,它可以帮助人们成就一切事情,达到理想。

有了坚忍,人们在遇到大灾祸、大困苦的时候,就不会无所适从;在各种困难和打击面前,仍能顽强地生活下去。世界上没有其他东西,可以代替坚忍。它是唯一的,不可缺少的。

坚忍,是所有成就大事业的人的共同特征。他们中有的人或许没有受过高等教育,或许有其他弱点和缺陷,但他们一定都是坚忍不拔的人。劳苦不足以让他们灰心,困难不能让他们丧志。不管遇到什么曲折,他们都会坚持、忍耐着。

以坚忍为资本去从事事业的人,他们所取得的成功,比以金钱为资本的人更大。许多人做事有始无终,就因为他们没有充分的坚忍力,使他们无法达到最终的目的。然而,一个伟大的人,一个有坚忍力的人却绝非这样。他不管任何情形,总是不肯放弃,不肯停止,而在再次失败之后,会含笑而起,以更大的决心和勇气继续前进。他不知失败为何物。

做任何事,是否不达目的不罢休,这是测验一个人品格的一种标准。坚忍是一种极为可贵的德性。许多人在情形顺利时肯随大众向前,也肯努力奋斗。但当大家都退出,都已后退时,还能够独自一人孤军奋战的人,才是最难能可贵的。这需要很强的坚忍力。

对于一个希望获得成功的人，要始终不停地问自己："你有耐性、有坚忍力吗？你能在失败之后仍然坚持吗？你能不管任何阻碍一直前进吗？"

你只有充分发挥自己的天赋和本能，才能找到一条连接成功的通天大道。一个下定决心就不再动摇的人，无形之中能给人一种最可靠的保证，他做起事来一定肯于负责，一定有成功的希望。因此，我们做任何事，事先应固定一个尽善的主意，一旦主意打定之后，就千万不能再犹豫了，应该遵照已经定好的计划，按部就班地去做，不达目的绝不罢休。举个例子来说：一位建筑师打好图样之后，若完全依照图样，按部就班地去动工，一所理想的大厦不久就会成为实物，倘若这位建筑师一面建造，一面又把那张图样东改一下，西改一下，试问这所大厦还有成功之日吗？成功者的特征是：绝不因受到任何阻挠而颓丧，只知道盯住目标，勇往直前。世上绝没有一个遇事迟疑不决、优柔寡断的人能够成功。

获得成功有两个重要的前提：一是坚决，二是忍耐。人们最相信的就是意志坚决的人，当然意志坚决的人有时也许会遇到艰难，碰到困苦、挫折，但他绝不会惨败得一蹶不振。我们常常听到别人问："他还在干吗？"这就是说："那个人的前途还没有绝望。"

如何培养坚韧的性格？很简单，只要你确定人生的目标，专注于你的目标，那么你所有的思想、行动及意念都会朝着那个方向前进。韧性是身体健康的一部分，不管发生了什么情况，你必须具有坚持工作完成到底的能力。韧性是身体健康和精神饱满的一种象征，这也是你成为领导者并赢得卓越的驾驭能力所必需的一种个人品质。韧性是与勇气紧密相关的，当真正遇到困难时你所必备的一种坚持到底的能力，是既得具有可以跑上几千米的能力还得具有百米冲刺的能力。韧性是需要忍受疼痛、疲劳、艰苦，并体现在体力上和精神上的持久力。

韧性是你在极其艰苦的精神和肉体的压力下所具有的长期从事卓有成效的工作能力，忍耐力是需要你长时间付出额外的努力的。坚韧是一种你想具备卓越的驾驭人的能力所必须培养的重要的个人品质。

## 勇敢为你的成功之路铺开康庄大道

一个人要想干成一番事业，不但会遭遇挫折，而且还会遭逢困难和艰辛。

困难只能吓住那些性格软弱的人。对于真正坚强的人来说，任何困难都难以迫使他就范。相反，困难越多，对手越强，他们就越感到拼搏有味道。黑格尔说："人格的伟大和刚强只有借矛盾对立的伟大和刚强才能衡量出来。"

在困难面前能否有迎难而上的勇气有赖于和困难拼搏的心理准备，也有赖于依靠自己的力量克服困难的坚强决心。许多人在困境中之所以变得沮丧，是因为他们原先并没有与困难作战的心理准备，当进展受挫、陷入困境时便张皇失措，或怨天尤人，或到处求援，或借酒消愁。这些做法只能徒然瓦解自己的意志和毅力，客观上是帮助困难打倒自己。他们不打算依靠自己的力量去克服困难，结果，一切可以征服困难的可行计划便都被停止执行，本来能够克服的困难也变得不可克服了。还有的人，面对很强的困难不愿竭尽自己的全力，当攻不动困难时，便心安理得地寻找理由："不是我不努力，而是困难太大了。"不言而喻，这种人永远也找不到克服困难的方法。

问题不仅仅是生活中可以接受的一部分，而且对于阅历丰富的人而言，它也是必不可少的。如果你不能聪明地利用你的问题，就绝不会掌握任何技能。最重要的是，任何时候，你都不要退缩。如果你现在不去面对问题，不去解决它，那么，日后你终将遇到类似的问题。把你的失望降低到最低程度，你才会认识到心灵上能够逾越困境才是受用一生的最大财富。

看到成功人士的成功，看到那份勇气，你会多少有点贪恋。正是这份勇气才使成大事者成功。他们在生活中跌倒，能够爬起来；他们在生活中被困扰，能够寻找出口。他们总是把自己过去的失败看作是一种勇气的复得。而你现在要做的就是找到这份勇气，去揭开生活的秘密。

1983年，布森·哈姆徒手攀壁，登上纽约的帝国大厦，在创造了吉尼斯纪录的同时，也赢得了"蜘蛛人"的称号。

美国恐高症康复联席会得知这一消息，致电"蜘蛛人"哈姆，打算聘请他做康复协会的顾问。

哈姆接到聘书，打电话给联席会主席约翰逊，要他查一查第1042号会员，约翰逊很快就找到了1042号会员的个人资料，他的名字正是布森·哈姆。原来他们要聘做顾问的这位"蜘蛛人"，本身就是一位恐高症患者。

约翰逊对此大为惊讶。一个站在一楼阳台上都心跳加快的人，竟然能徒手攀上400多米高的大楼，他决定亲自去拜访一下布森·哈姆。

约翰逊来到费城郊外的布森住所。这儿正在举行一个庆祝会，十几名记者正围着一位老太太拍照采访。

原来布森·哈姆94岁的曾祖母听说他创造了吉尼斯纪录。特意从100千米外的家乡徒步赶来，她想以这一行动为布森·哈姆的纪录添彩。

谁知这一异想天开的做法，无意间竟创造了一个老人徒步行走的世界纪录。

有一位记者问她，当你打算徒步而来的时候，你是否因年龄关系而动摇过？

老太太精神矍铄，说，小伙子，打算一口气跑100千米也许需要勇气，但是走一步路是不需要勇气的，只要你走一步，接着再走一步，然后一步再一步，100千米也就走完了。恐高症康复联席会主席约翰逊站在一旁，一下明白了哈姆登上帝国大厦的奥秘，原来他有向上攀登一步的勇气。

是的，真正坚强的人，不但在碰到困难时不害怕困难，而且在没有碰到困难时，还积极主动地寻找困难，这是具有更强的成就欲的人，是希望冒险的开拓者，他们更有希望获得成功。阿拉伯民间故事集《一千零一夜》里，有一个勇敢的航海家辛伯达，他每次总是去寻求那种与大自然抗争、与海盗搏斗的惊险航行，而恰恰是这些经历使他应付危机的能力大大增强，使他一次次大难不死，安全抵达目的地。在生活和事业中，千千万万的强者，不正是从克服他们自己找来的困难中，取得了一个又一个引人注目的成就吗？

要善于检验你人格的伟大力量。你应该常常扪心自问，在除了自己的生命以外，一切都已丧失了以后，在你的生命中还剩余些什么？即在遭受失败以后，你还有多少勇气？假使你在失败之后，从此振作不起，放手不干而自甘屈服，那么别人就可以断定，你根本算不上什么人物；但假如你能雄心不减、进步向前，不失望、不放弃，则可以让别人知道，你的人格之高、勇气之大，是可以超过你的损失、灾祸与失败的。

或许你要说，你已经失败很多次，所以再试也是徒劳无益；你跌倒的次数过多，再站立起来也是无用。对于有勇气的人，绝没有什么失败!不管失败的次数怎样多,时间怎样晚,胜利仍然是可期的。

当然,勇敢也是可以培养出来的:

英国现代杰出的现实主义戏剧家萧伯纳以幽默的演讲才能著称于世。可他在青年时,却羞于见人,胆子很小。若有人请他去做客,他总是先在人家门前忐忑不安地徘徊很久,却不敢直接去按门铃。

美国著名作家马克·吐温谈起他首次在公开场合演说时,说他那时仿佛嘴里塞满了棉花,脉搏快得像田径赛跑中争夺奖杯的运动员。

可是他们后来都成了大演说家,这完全是勇于训练的结果。要克服说话胆怯的心理,可以从以下几个方面做起:

①树立信心。只要树立信心,不怕别人议论,用自己的行动来鼓励自己,就肯定会获得成功。

②积极参加集体活动。参加集体活动是帮助克服恐惧感,减少退缩行为的好办法。

③客观评价自己。相信自己的才能,多肯定自己,并用积极进取的态度看待自己的不足,减少挑剔,摆脱自我束缚。

要克服与人交往、与人交谈的恐惧,以下几种方法是有效的训练手段:

①训练自己盯住对方的鼻梁,让人感到你在正视他的眼睛。

②径直迎着别人走上前去。

③开口时声音洪亮,结束时也会强有力,相反,开始时声音细弱,闭嘴时也就软弱。

④学会适时地保持沉默,以迫使对方讲话。

⑤会见一位陌生人之前,先列一个话题单子。

其实，勇气就是这么来的，越是困难的工作，越勇于承担，硬着头皮，咬紧牙关，强迫自己深入进去。随着时间的推移，会由开始的生疏到后来的熟练，由开始的紧张到后来的轻松，慢慢体会到自己的力量，增强自信心和勇气。

## 热忱是点燃你生命力的火焰

黑格尔说："没有热情，世界上没有一件伟大的事能完成。"美国的《管理世界》杂志曾进行过一项调查，他们采访了两组人，第一组是高水平的人事经理和高级管理人员，第二组是商业学校的毕业生。

他们询问这两组人，什么品质最能帮助一个人获得成功，两组人的共同回答是"热情"。

热情高于事业，就像火柴高于汽油。一桶再纯的汽油，如果没有一根小小的火柴将它点燃，无论它质量再怎么好也不会发出半点光，放出一丝热。而热情就像火柴，它能把你具备的多项能力和优势充分地发挥出来，给你的事业带来巨大的动力。

有一个哲人曾经说过："要成就一项伟大的事业，你必须具有一种原动力——热情。"

英国的乔治·埃尔伯特指出：所谓热情，就像发电机一般能使电灯发光、机器运转的一种能量，它能驱动人、引导人奔向光明的前程，能激励人去唤醒沉睡的潜能、才干和活力，它是一股朝着目标前进的动力，也是从心灵内部迸发出来的一种力量。

热情是世界上最大的财富。它的潜在价值远远超过金钱与权势。热情摧毁偏见与敌意，摒弃懒惰，扫除障碍。热情是行动的信仰，有了这种信仰，我们就会无往不胜。

如果能培养并发挥热情的特性,那么,无论你从事哪种工作,你都会认为自己的工作是快乐的,并对它怀着浓厚的兴趣。无论工作有多么困难,需要多少努力,你都会不急不躁地去进行,并做好想做的每一件事情。

热情对于有才能的人是重要的,而对于普通人,它可能是你生命运转中最伟大的力量,使你获得许多你想要的东西。

热情不是一个空洞的词,它是一种巨大的力量。热情和人的关系如同蒸汽机和火车头的关系,它是人生主要的推动力;也是一个普通人想要生活好、工作好的最关键的心态。

撰写《全美工作圣经》的斯蒂芬·柯维说:"一个人若只有一点点热忱是远不够的。所以,增强热心是必须的。"

那么,怎样才能增强热心呢?以下几个步骤值得尝试:

### 1. 了解是热忱的开始

多年来,奥格·曼狄诺对于现代画一直没有好感,认为它只是由许多乱七八糟的线条所构成的图画而已。直到经一个内行的朋友开导以后,他才恍然大悟:"说实在的,有了进一步的了解后,我才发现它真的那么有趣,那么吸引人。"

奥格·曼狄诺发现,想要对什么事热心,先要学习更多你目前尚不热心的事。了解越多,越容易培养兴趣。

所以,下次你不得不做一件事时,一定要应用这项原则;发现自己不耐烦时,也要想到这个原则。只有进一步了解事情的真相,才会挖掘出自己的兴趣。

### 2. 无论做什么事情,都要充满热忱

你热心不热心或有没有兴趣,都会很自然地在你的行业上表现出来,没有办法隐瞒。因此,你应该尽量让自己在做任何一件事时都充满热忱,要知道,你的热忱是别人绝对能够感受到的。

### 3. 与人分享好消息

好消息除了引人注意以外，还可以引起别人的好感，引起大家的热心与干劲，甚至帮助消化，使你胃口大开。

因为传播坏消息的人比传播好消息的要多，所以你千万要了解这一点：散布坏消息的人永远得不到朋友的欢心，也永远一事无成。

### 4. 重视他人

每一个人，无论他在印度或在美国中西部或印第安纳州，无论他默默无闻或身世显赫，文明或野蛮，年轻或年老，都有成为重要人物的愿望。这种愿望是人类最强烈、最迫切的一种目标。

只要满足别人的这项心愿，使他们觉得自己重要，你很快就会步上成功的坦途。它的确是"成功百宝箱"里的一件宝贝。这种做法虽然不值分文，但懂得使用的人却很少。

### 5. 你的热忱需要行动

热忱是什么？热忱就是将内心的感觉表现到外面来，让我们把重要点放在促使人们谈论他们最感兴趣的事，如果我们做到这一点，说话的人就会像呼吸一样，不自觉地表现出生机，要尽量从人们的内心着手。

大教育家兼心理学家威廉·瓦特确信并证实：感情是不受理智立即支配的，不过它们总是受行动的立即支配。

行动可以是实质的，也可以是心理的。思想将感情从消极改变为积极，行动同样具有刺激性与效力。在这种情况下，行动不论是实质的或心理的，它都领先于感情。你的感情并非经常受理智支配，可是它们却受行动的支配。

所以，要学习运用这样一个自我激发词：要变得热忱，行动须热忱。并让这个自我激发词深入到潜意识中去。那么，当你在创造过程中精神不振的时候,这个激发词就会闪入到你的意识心神中,亦即时机到来,就会激励你采取热忱的行动,变消极为积极,焕发精神,"现在就做"。

### 6. 对自己一日三省

你对人生、对事物、对别人、对自己是持怎样的看法和态度的?若一个人的思想被迟钝、有害的各种病态心理占据着,热情就缺乏生长和生存的土壤。要改变这种状态,关键的是需要自己做出努力,要不断鼓励自己,给自己打气尝试着这样充满信心与热情去投入到工作和生活中,你就必然会走运。

因此只要我们确立的目标是合理的,并且努力去做个热情积极的人,那么我们做任何事都会有所收获。热情还可以补充精力的不足,发展坚强的个性。爱德华·亚皮尔顿是一位物理学家,发明了雷达和无线电报,获得过诺贝尔奖。《时代》杂志曾经引用他的一句话:"我认为,一个人想在科学研究上取得成就,热情的态度远比专门知识更重要。"

## 第八章 别让不良性格毁了你

所谓性格障碍,是指人们在自我开放中常常出现的气质障碍和性格障碍,如抑郁质的人易表现孤僻乖戾、不善交际的弱点,黏液质的人易表现优柔寡断、缺少魄力的弱点,以及多血质的人缺乏毅力,胆汁质的人办事武断、鲁莽等弱点。这种性格障碍的具体症状是:表面上他们仍过着正常人的生活,但深入接触后,便会发现这些人很怪。比如与人开始接触时还客客气气,一旦熟悉后就经常过度亲密或过度要求对方,甚至动不动就发怒。

## 远离让你永远也站不起来的自卑

自卑,就是自己轻视自己,看不起自己。自卑心理严重的人,并不一定就是他本人具有某种缺陷或短处,而是不能悦意容纳自己,自惭形秽,常把自己放在一个低人一等,不被自己喜欢,进而演绎成别人看不起的位置,并由此让自己陷入不能自拔的境地。

自卑的人心情消沉,郁郁寡欢,常因害怕别人瞧不起自己而不愿与别人来往,只想与人疏远,他们缺少朋友,甚至自疚、自责、自罪;他们做事缺乏信心,没有自信,优柔寡断,毫无竞争意识,享受不到成功的喜悦和欢乐,因而感到疲劳,心灰意懒。

由于自卑的人大脑皮质长期处于抑制状态,中枢神经系统处于麻木状态,体内各器官的生理功能相应得不到充分的调动,不能发挥各自的应有作用;同时,内分泌系统的功能也因此失去常态,有害的激素随之分泌增多;免疫系统失去灵性,抗病能力下降,从而使人的生理过程发生改变,出现各种病症,如头痛、乏力、焦虑、反应迟钝、记忆力减退、食欲不振、性功能低下等,这些表现都是衰老的征兆所在。

也许我们每一个人都曾自卑过,这很正常,因为每一个人都或多或少有些自卑情绪。德国心理学家阿德勒认为,所有人在幼小的时候都具有自卑感。因为一个人幼时生理机制还未完全发育,一切都要依赖成人才能生存。父母在他们的眼中是无所不能的上帝,看到成人处处优于自己,每个孩子都会产生自卑感。

"不胜任感和自卑感广泛存在于我们的世界里。"正如心理学家詹姆斯·道尔皮所说,"自卑存在于我们每个人特别是青少年的生活里,并困扰着我们。"

虽然自卑总是与我们为伍,但是那些专门致力于自卑心理研究的专家们告诉我们,自卑并非坏事,相反,它是所有人发展的主要的推动力量,自卑感使人产生寻求力量的强烈愿望。

当一个人感到自卑时,就会力图去完成某些事情,以成功来克服自卑。达到成功后,人的内心会处于相对稳定的时期。而看到别人的成就之后,又会产生新的自卑,以促使自己取得更大的进步,以此周而复始。当然,自卑并不总是催人进步。如果一个人已经气馁了,认为自己的努力无法改变自己的处境,但又无力摆脱自卑感,那么,为了维护心理的健康(自我的统一),他就会设法摆脱它们。只是这些方法不会使他进步,他会用一种虚假的优越感来自我陶醉,麻木自己,这类似于阿Q精神。由于自卑者生活在自己虚设的精神世界里,而造成自卑的情境依然没有改变,因此,他的自卑感就会越积越多,其行为也就陷入了自欺当中,形成了自卑情结。

有的社会心理学家就认为,自卑的产生是因为一个人不正确归因的结果。

一件事发生后,人总是会试图去分析产生这种结果的原因。但不同的人对同一件事情的评价往往是不同的。例如,同是输了一场篮球比赛,有的队员会认为这是己队的运气不好、或场地不行、或球不好等(外部归因),而有的队员可能会认为这是自己的实力不行,输球是必然的(内部归因)。自卑的产生往往就是将失败归结为自身的原因,与环境无关的结果。即只看到自己的不足,看不到自己的长处。

征服畏惧,战胜自卑,不能夸夸其谈,止于幻想,而必须付诸实践,见于行动。建立自信最快、最有效的方法,就是去做自己害怕做的事,直到获得成功。

### 1. 认清自己的想法

有时候,问题的关键是我们的想法,而不是我们想什么事情。人的自卑心理来源于心理上的一种消极的自我暗示,即"我不行"。正如哲学家斯宾诺莎所说:"由于痛苦而将自己看得太低就是自卑。"这也就是我们平常说的自己看不起自己。悲观者往往会有抑郁的表现,他们的思维方式也是一样的。所以先要改变带着墨镜看问题的习惯,这样才能看到事情明亮的一面。

### 2. 放松心情

努力地去放松心情,不要想不愉快的事情。或许你会发现事情真的没有原来想的那么严重。会有一种豁然开朗的感觉。

### 3. 幽默

学会用幽默的眼光看事情,轻松一笑,你会觉得其实很多事情都很有趣。

### 4. 与乐观的人交往

与乐观的人交往，他们看问题的角度和方式，会在不知不觉中感染你。

### 5. 尝试一点改变

先做一点小的尝试。比如，换个发型，画个淡妆，买件以前不敢尝试的比较时髦的衣服……看着镜子中的自己，你会觉得心情大不一样，原来自己还有这样一面。

### 6. 寻求他人的帮助

寻求他人的帮助并不是无能的表现，有时候当局者迷，当我们在悲观的泥潭中拔不出来的时候，可以让别人帮忙分析一下，换一种思考方式，有时看到的东西就大不一样。

### 7. 要增强信心

因为只有自己相信自己，乐观向上，对前途充满信心，并积极进取，才是消除自卑、促进成功的最有效的补偿方法。悲观者缺乏的，往往不是能力，而是自信。他们往往低估了自己的实力，认为自己做不来。记住一句话：你说行就行。事情摆在面前时，如果你的第一反应是我行，我能做，那么你就会付出自己最大的努力去面对它。同时，你知道这样继续下去的结果是那么诱人，当你全身心投入之后，最后你会发现你真的做到了；反之，如果认为自己不行，自己的行为就会受到这个意念的影响，从而失去太多本该珍惜的好机会。因为你一开始就认为自己不行，最终失败了也会为自己找到合理的借口："瞧，当初我就是这么想的，果然不出我所料！"

**8. 正确认识自己**

对过去的成绩要做分析。自我评价不宜过高，要认识自己的缺点和弱点。充分认识自己的能力、素质和心理特点，要有实事求是的态度，不夸大自己的缺点，也不抹杀自己的长处，这样才能确立恰当的追求目标。特别要注意对缺陷的弥补和优点的发扬，将自卑的压力变为发挥优势的动力，从自卑中超越。

**9. 客观全面地看待事物**

具有自卑心理的人，总是过多地看重自己不利、消极的一面，而看不到有利、积极的一面，缺乏客观全面地分析事物的能力和信心。这就要求我们努力提高自己透过现象抓本质的能力，客观地分析对自己有利和不利的因素，尤其要看到自己的长处和潜力，而不是妄自嗟叹、妄自菲薄。

**10. 积极与人交往**

不要总认为别人看不起你而离群索居。你自己瞧得起自己，别人也不会轻易小看你。能否从良好的人际关系中得到激励，关键还在自己。要有意识地在与周围人的交往中学习别人的长处，发挥自己的优点，多从群体活动中培养自己的能力，这样可预防因孤陋寡闻而产生的畏缩躲闪的自卑感。

**11. 在积极进取中弥补自身的不足**

有自卑心理的人大都比较敏感，容易接受外界的消极暗示，从而愈发陷入自卑中不能自拔。而如果能正确对待自身缺点，把压力变动力，奋发向上，就会取得一定的成绩，从而增强自信，摆脱自卑。

## 懒惰是成功路上的拦路虎

有人说，人是好逸恶劳的动物，在一定程度上，这种看法是对的。人总是希望在工作中减少体力付出，在生活中尽量舒服、安逸，为了获得更大的满足和安逸也是人活动的动力。但如果贪图安逸，就会产生惰性。惰性在生活中表现为不求上进，意志消沉，安于现状，心态消极。在工作中无所追求，不学无术，糊涂混日。惰性对人的身心健康会造成一定危害。

惰性使人机体素质下降，由于较少活动，身体得不到锻炼，会使人免疫功能下降，患病机会增加，由于体力消耗较少，身体会逐渐发胖，患高血压、动脉粥样硬化、冠心病等疾病的机会也会增加。

总之，惰性会危害躯体健康。对心理健康来说，惰性依然有害，惰性使人懒于思考，不愿用脑，使大脑思维活动的主动性、灵活性下降，长期如此，还可能导致智能下降。而且，懒惰的人常缺乏精神支柱，不明白人生的真谛，不能实现自我价值，难以获得学业、事业成功的愉快体验。从社会适应的角度来说，惰性使人不愿付出，只想得到，平日游手好闲，常受到亲朋好友的指责，且得不到周围人的认可，因而产生人际交往障碍。懒惰的人还常因不愿担负社会责任而受到纪律处罚或舆论批评，存在许多社会适应问题。

谁都会有惰性，适当进行心理调节，克服自己的惰性，生活才会更加丰富多彩，更加令人满意。

有目标、有追求是克服惰性的根本。古人说，哀莫大于心死，没有目标的人缺乏追求，终日浑浑噩噩，无所事事。有目标就有所追求，也就对生活充满希望，让人生活更加充实，每个人都应该在事业上、家庭上树立自己的目标，并为实现目标辛勤劳作。每当有惰性出现时，想想目标的美好就会让人精神振作，加倍努力。

惰性较强的人应主动寻找生活压力。没有压力是好逸恶劳的人的通病，应比较客观地将自己与周围人做比较，找出与他人的差距，为什么别人就有所作为，自己却一事无成？为什么别人就受人尊敬，自己却被小瞧？感到自己不如人就会有迎头赶上的愿望，进而克服惰性，投身工作。

好逸恶劳的人还应引入监督机制，使自己置身于他人的督促之下，既然自己主动性差、管不住自己，不妨让自己的家人、朋友、同事监督自己的言行，在他人的帮助下克服惰性。

以下是几点克服懒惰的好方法，不妨试一试：

①树立责任心。
②培养热情积极的生活态度。
③树立高尚的生活目标和理想。
④保持规律生活。健康的生命活动是有规律进行的，一个人起居有常，三餐适时，劳逸适度是身体健康的保证。懒散之人往往散漫成性，生活杂乱无章，睡无时、食无量，身体各系统的功能活动很难与如此多变的环境相适应，久而久之，身体健康会受到摧残。
⑤坚持健身运动。健身房逊色于日常劳作，日常劳作是最好的运动方式，去健身房运动有时间、地点的限制，还要花费钱财，动作往往是单一机械地重复，不利于开动脑筋，既单调乏味又难以长久坚持。日常劳作多种多样，多需心眼手足一起活动，健身又健脑，且通过劳动还创造了美好的生活，自有一分收获的欣慰。这些良性刺激都有助于人的健美。

国外近年来热衷于家务劳作，除了健身之外，更重要的是追求亲情之乐趣。当总理的母亲为儿女婚嫁亲自油漆房子，总统星期天和儿子一块儿修汽车、钉狗房子，知名教授领着妻儿老小大冬天扫雪……他们考虑的当然不是节约开支，而是珍惜这种能和家人一道劳动的美好时光。为了自己的健康快乐与长寿，也为了家庭的美好与幸福，每个人都必须有健康的心态、清醒的头脑和各自不同的锻炼方法，来抵御祸害现代人健康的元凶——懒散。

## 悲观是人生最黑暗的深渊

悲观成习的人与"马大哈"性格的人截然相反。他没学到"马大哈"对人对己的办法，不会得过且过，也不能对人对己都马马虎虎，相反，处事谨慎，处处提防自己行为不要出格。一旦有了行为的失检，总是害怕大难临头。同时，悲观的人也有很强的"良心"自监力，即使没有什么严重后果，他也不饶恕自己。

人们都经历过一些小的失意，有人遇到这些失意时，觉得世间一切都不尽如人意，忧郁不安，悲观自怜，结果更加失意，以致失去了人生的幸福和欢乐。正确方法应是寻找产生沮丧悲观心理的原因，对症下药，寻求解决问题的良好途径。

改变悲观心理的一个办法是，避免老是看到自己的不足，而应突出自己的优势，重视它。随着积极思维自然而然地增加，消极思维自然就会减少了。突出优势的另一方面是最大限度地削弱失败的影响。尽管无法避免偶尔的失败，但是你可以控制失败对自己的影响，承认失败只是生活中的一部分，会使自己情绪好一些。过分强调失败，只会降低自信，使自己处于沮丧之中。

在工作和家庭环境没法改变的时候，"积极想象法"会使你对生活更乐观。你可以想象自己做了一些想做的事后，度过了一段非常愉快美好的日子。要知道，任何事情在想象中都是可能的。当你打算参加某项活动而又心存恐惧，就对自己说："我能做好这件事，我比别人更善于控制自己的情绪。"这种语言暗示法的好处是你对自己所说的话语往往能影响你的自我感觉，明显改善沮丧情绪。

多数沮丧悲观者对未来的担忧，正为自己建立越来越狭窄、有限的世界；假如你做些与他人合作的工作，受到他人的约束，你就得考虑自己以外的事情，生活也就会出现新的意义。愉快的社交活动对人们情绪的影响是任何一项奖赏都不能比拟的。当人们掌握了处理人际关系的技巧后，自重感增加，也会慢慢地赶走沮丧心情。

一个沮丧悲观的人老待在屋子里，便会产生禁锢的感觉。然而，当他离开屋子，漫步在林荫大道，就会发现心绪突然变了，怒气和沮丧也消失了，心中充满了宁静，自然的色彩给人带来阵阵快意。另外，任何一种体育锻炼都有助于克服沮丧，经常参加体育锻炼会使人精神振奋，避免消极地生活下去。

因此，转换自己的悲观情绪，其实并不难。

人类的所有行为，无论是乐观，还是悲观，都是"学"得的。因而悲观者的悲观性格，并非"命中注定"，而是"后天养成"的。悲观者可以力强而至，学成乐观。

那么，会有一些什么样的具体的办法能真正帮助我们正确地克服悲观性格所带来的负面影响呢？办法当然还是有的，当我们遭遇到失败或挫折而沮丧时，不妨试试下面这几招：

①越担惊受怕，就越遭灾祸。因此，一定要懂得积极心态所带来的力量，要相信希望和乐观能引导你走向胜利。

②即使处境危难，也要寻找积极因素。这样，你就不会放弃

取得微小胜利的努力。你越乐观,克服困难的勇气就越会倍增。

③以幽默的态度来接受现实中的失败。有幽默感的人,才有能力轻松地克服厄运,排除随之而来的倒霉念头。

④既不要被逆境困扰,也不要幻想出现奇迹,要脚踏实地,坚持不懈,全力以赴去争取胜利。

⑤不要把悲观作为保护你失望情绪的缓冲器。乐观是希望之花,能赐人以力量。

⑥当你失败时,你要想到你曾经多次获得过成功,这才是值得庆幸的。如果10个问题,你做对了5个,那么还是完全有理由庆祝一番,因为你已经成功地解决了5个问题。

⑦在闲暇时间,你要努力接近乐观的人,观察他们的行为。通过观察,你能培养起乐观的态度,乐观的火种会慢慢地在你内心点燃。

⑧要知道,悲观不是天生的。就像人类的其他态度一样,悲观不但可以减轻,而且通过努力还能转变成乐观的态度。

⑨如果乐观态度使你成功地克服了困难,那么你就应该相信这样的结论:乐观是成功之源。

## 别让自负提前注定了你的失败

"谦虚使人进步,骄傲使人落后。"在人生的道路上,狂傲自负很多时候会使人迷失方向,止步不前。

一个骄傲自负的人常会认为,一件事情如果没有了他,人们就不知该怎么办了。但实际上,这样的人总避免不了失败的命运,因为一骄傲,他们就会失去为人处世的准绳,结果总是在骄傲里毁灭了自己。

每个人总是把自己看得很重要，但事实上，少了他，事情往往可以做得一样好。所以，自大的人历来就是成事不足、败事有余。你要切记这样一个道理：自大是失败的前兆。

自大往往不是空穴来风，自大的人总有一些突出的特长。这些突出的特长，使他们较之别人有一种优越感。这种优越感累积到一定程度，便使人目空一切，不知天高地厚。深究其原因，大致可以归纳为以下几点：

### 1. 过分娇宠的家庭教育

家庭教育是一个人自负心理产生的第一根源。对于青少年来说，他们的自我评价首先取决于周围的人对他们的看法，家庭则是他们自我评价的第一参考系。父母宠爱、夸赞、表扬，会使他们觉得自己"相当了不起"。

### 2. 生活中的一帆风顺

人的认识来源于经验，生活中遭受过许多挫折和打击的人，很少有自负的心理，而生活中一帆风顺的人，则很容易养成自负的性格。现在的中学生大多是独生子女，是父母的掌上明珠，如果他们在学校出类拔萃，老师又宠爱他们，就易滋生自信、自傲和自负的个性。

### 3. 片面的自我认识

自负者缩小自己的短处，夸大自己的长处。缺乏自知之明，对自己的能力估价过高，对别人的能力评价过低，自然产生自负心理。这种人往往好大喜功，取得一点小小的成绩就认为自己了不起，成功归因于自己的主观努力，失败归咎于客观条件的不合作，过分的自恋和以自我为中心，把自己的举手投足都看得与众不同。

### 4. 情感上的原因

一些人的自尊心特别强烈，为了保护自尊心，在挫折面前，常常会产生两种既相反又相通的自我保护心理。一种是自卑心理，通过自我隔绝，避免自尊心的进一步受损；另一种就是自负心理，通过自我放大，获得自信不足的补偿。例如，一些家庭经济条件不很好的学生，生怕被经济条件优越的同学看不起，便会假装清高，表面上摆出看不起这些同学的样子。这种自负心理是自尊心过分敏感的表现。

一个人不知道并不可怕——人不可能什么都知道，但可怕的是不知道而假装知道，知道一点就以为什么都知道。这样的人就永远不会进步，就像爱欣赏自己脚印的人，只会在原地绕圈子。

当然，自负并非不可克服，只要我们自己努力并加上正确的方法，就肯定没有任何问题：

首先，接受批评是根治自负的最佳办法。自负者的致命弱点是不愿意改变自己的态度或接受别人的观点，虚心接受批评即是针对这一弱点提出的改进方法。它并不是让自负者完全服从于他人，只是要求他们能够接受别人的正确观点，通过接受别人的批评，改变过去固执己见、唯我独尊的形象。

其次，与人平等相处。自负者视自己为上帝，无论在观念上还是在行动上都无理地要求别人服从自己。平等相处就是要求自负者以一个普通社会成员的身份与别人平等交往。

再次，提高自我认识。要全面地认识自我，既要看到自己的优点和长处，又要看到自己的缺点和不足，不可一叶障目，不见泰山，抓住一点不放，未免失之偏颇。认识自我不能孤立地去评价，应该放在社会中去考察，每个人生活在世上都有自己的独到之处，都有他人所不及的地方，同时又有不如人的地方，与人比较不能总拿自己的长处去比别人的不足，把别人看得一无是处。

最后，要以发展的眼光看待自负，既要看到自己的过去，又要看到自己的现在和将来，辉煌的过去只能说明曾经你是个英雄，它并不代表着现在，更不预示着将来。

有一个成语叫"虚怀若谷"，意思是说，胸怀要像山谷一样。这是形容谦虚的一种很恰当的说法。只有空，才能容得下东西，而自满，除了你自己之外，容不下任何东西。

生活中，我们常常不自觉地把自己变成一个注满水的杯子，容不下其他的东西。因而，学会把自己的意念先放下来，以虚心的态度去倾听和学习，你会发现大师就在眼前。

## 多疑是躲在人性背后的阴影

有一则寓言，说的是"疑人偷斧"的故事：一个人丢失了斧头，怀疑是邻居的儿子偷的。从这个假想目标出发，他观察邻居儿子的言谈举止、神色仪态，无一不是偷斧者的样子，思索的结果进一步巩固和强化了原先的假想目标，他断定贼非邻子莫属了。可是，不久他在山谷里找到了斧头，再看那个邻居的儿子，竟然一点也不像偷斧者。

这个人从一开始就先下了一个结论，然后自己走进了猜疑的死胡同。由此看来，猜疑一般总是从某一假想目标开始，最后又回到假想目标，就像一个圆圈一样，越画越粗。最典型的恐怕就是上面这个例子了。现实生活中猜疑心理的产生和发展，几乎都同这种作茧自缚的封闭思路主宰了正常思维密切相关。

猜疑似一条无形的绳索，会捆绑我们的思路，使我们远离朋友。如果猜疑心过重的话，就会因一些可能根本没有或不会发生的事而忧愁烦恼、郁郁寡欢；猜疑者常常忌妒心重，比较狭隘，因而不能更好地与身边的人交流，其结果可能是无法结交到朋友，变得孤独寂寞，导致对身心健康的危害。

疑心重重，戴着有色眼镜看人，甚至毫无根据地猜疑他人的人，在猜疑心的作用下，会把被猜疑的人的一言一行都罩上可疑的色彩，即所谓"疑心生暗鬼"。有些人疑心病较重，乃至形成惯性思维，导致心理变态。一个人如果心胸过于狭窄，对同事、朋友乃至家人无端猜疑，不但会影响工作、影响人际关系、影响家庭和睦，还会影响自己的心理健康。

猜疑是建立在猜测基础之上的，这种猜测往往缺乏事实根据，只是根据自己的主观臆断毫无逻辑地去推测、怀疑别人的言行。猜疑的人往往对别人的一言一行都很敏感，喜欢分析深藏的动机和目的，看到别的同学悄悄议论就疑心在说自己的坏话，见别人学习过于用功就疑心他有不良企图。好猜疑的人最终会陷入作茧自缚、自寻烦恼的困境中，结果导致自己的人际关系紧张，失去他人的信任，挫伤他人和自己的感情，对心理健康是极大的危害。为此英国思想家培根曾说过："猜疑之心如蝙蝠，它总是在黄昏中起飞。这种心情是迷惑人的，又是乱人心智的。它能使你陷入迷惘，混淆敌友，从而破坏人的事业。"因此，消除猜疑之心是保持心理健康的方法之一。

怎样矫正自己的猜疑心理呢？

**1. 自信最重要**

相信自己，相信他人。即在自己的心理天平上增加"自信"和"他信"这两块砝码。首先是"自信"。"自疑不信人，自信不疑人"。猜疑心理大多源于缺少自信。其次是"他信"，即相信别人，不要对别人抱偏见或者是成见。当你怀疑别人的时候，一定要想想如果别人也这样怀疑你，你会是什么样的感受，这样去将心比心，换位思考就能真正去信任别人了。

注意调查研究。俗话说："耳听为虚，眼见为实。"不能听到别人说什么就产生怀疑，不要听信小人的谗言，不能轻信他人的挑拨。要以眼见的事实为据。况且，有时眼见的未必是实。因此，一定要注重调查研究，一切结论应产生于调查的结果。否则就会被成见和偏见蒙住眼睛，钻进主观臆想的死胡同出不来。

### 2. 坚持"责己严，待人宽"的原则

猜疑心重的人，大多对自己的要求不严、不高，对别人的要求倒多少有些苛刻，总是要求别人做到什么程度，不去想一想自己做是否做得到。因此克服疑心病必须从严格要求自己做起，不要对别人有过高的要求，更不要因为别人达不到，就认为人家存在问题，那样必然会妨碍你对别人的信任。因此，坚持宽以待人，严于律己的原则，这也是克服猜疑心的一条重要途径。

### 3. 采取积极的暗示，为自己准备一面镜子

平时，不要总想着自己，想着别人都盯着自己。而要对自己说，并没有人特别注意我，就像我不议论别人一样，别人也不会轻易议论我。而且，只要自己行得正，站得直，又何必怕别人议论呢？有时不妨采用自我安慰的"精神胜利法"，别人说了我又能如何呢？只要自己认为，或者感觉到绝大多数人认为我是对的，我的行为是对的就可以了，这样，心理的疑心自然就会越来越小了。

### 4. 抛开陈腐偏见

记得一位哲人说过："偏见可以定义为缺乏正当充足的理由，而把别人想得很坏。"一个人对他人的偏见越多，就越容易产生猜疑心理。我们应抛开陈腐偏见，不要过于相信自己的印象，不要以自己头脑里固有的标准去衡量他人、推断他人。要善于用自己的眼睛去看，用自己的耳朵去听，用自己的头脑去思考。必要时应调换位置，站在别人的立场上多想想。这样，我们

就能舍弃"小人"而做君子。

**5. 及时开诚布公**

猜疑往往是彼此缺乏交流,人为设置心理障碍的结果,也可能是由于误会或有人搬弄是非造成的,因此一旦出现猜疑,与其自己去猜,不如开诚布公地和对方谈一谈,这样才能消除疑云,才能彻底解决问题。

## 贪婪是你永远无法填满的无底洞

贪婪指贪得无厌,即对与自己的力量不相称的事物的过分的欲求。它是一种病态心理,与正常的欲望相比,贪婪没有满足的时候,反而是越满足,胃口就越大。

贪婪心理的成因可从客观与主观两个方面来分析。

客观原因:中国古代就有"马无夜草不肥,人无横财不富""饿死胆小的,撑死胆大的"的说法,反映了不劳而获的投机心理。它宣扬的不是勤劳致富而是谋取不义之财。受这种观念的影响,社会上的确有一些不务正业的人,靠贪污、行骗过活的不法分子。

贪婪并非遗传所致,是个人在后天社会环境中受病态文化的影响,形成自私、攫取、不满足的价值观而出现的不正常的行为表现。

这一点,在那些沦为腐败分子的身上体现得较为典型。一般而言,贪婪心理的形成主要有以下几个方面:

**1. 错误的价值观念**

贪婪的人认为,社会是为自己而存在,天下之物皆为自己拥有。这种人存在极端的个人主义,是永远不会满足的,他们容易得陇望蜀，即使得到很多，也不会满足。

### 2. 行为的强化作用

有贪婪之心的人，初次伸出黑手时，多有惧怕心理，一怕引起公愤，二怕被捉。一旦得手，便喜上心头，屡屡尝到甜头后，胆子就越来越大。每一次侥幸过关对他都是一种条件刺激，不断强化着那颗贪婪的心。

### 3. 攀比心理

有些人原本也是清白之人。但是看到原来与自己境况差不多的同事、同学、战友、邻居、朋友、亲戚、下属、小辈，甚至原来那些与自己相比各种条件差得远的人都发了财，心里就不平衡了，觉得自己活得太冤枉。由此生出一股贪婪之念，也学着伸出了贪婪的双手。

### 4. 补偿心理

有些人原来家境贫寒，或者生活中有一段坎坷的经历，便觉得社会对自己不公平。一旦其地位、身份上升，就会利用手中的权力向社会索取不义之财，以补偿以往的不足。

### 5. 侥幸心理

这种心态导致犯罪分子自我欺骗，我行我素，随着作案次数的增多，胆子越来越大，因而越陷越深。

### 6. 盲从心理

有些人认为，现在"大家都在捞，你捞我也捞""吃回扣"的现象很普遍；"捞"了也没事，查到的也不过那么几个，"大家都这样""老实人吃亏"，形成"捞了也白捞"的心理。

### 7. 功利心理

一些人把市场经济看成金钱社会，拜金成为他们的信条；一些人有失落感,认为"今天这个样,明天变个样,不知将来怎么样";一些人滋长了占有欲,把市场等价交换原则引入工作中,"有权不用,过期作废",从而引发种种以权谋私、权钱交易。

### 8. 虚荣心理

一些教工、官员曾经表现较好,也为国家培养了很多人才,桃李满天下,一旦地位变了,权力大了,讨好的人多了,就开始飘飘然起来。

贪婪是一种过分的欲望。贪婪者往往超越社会发展水平,践踏社会规范,疯狂地向社会及他人攫取财物,给社会带来了极大的危害。若欲改正,是可以自我调适的,具体方法如下:

### 1. 自我反思法

自己在纸上连续20次用笔回答"我喜欢……"这个问题。回答时应不假思索,限时20秒钟,待全部写下后,再逐一分析哪些是合理的欲望,哪些是超出能力的过分的欲望,这样就可明确贪婪的对象与范围,最后对造成贪婪心理的原因与危害,自己做较深层的分析。分析自己贪婪的原因是有攀比、补偿、侥幸的心理,还是缺乏正确的人生观、价值观。分析清楚后,便下决心,要堂堂正正做人,改掉贪婪的恶习。

### 2. 格言自警法

古往今来,仁人贤士对贪婪之人是非常鄙视的,他们撰文作诗,鞭挞或讽刺那些索取不义之财的行为。想消除贪婪心理的人,应牢记那些诗文和名言,朝夕自警。

### 3. 知足常乐法

一个人对生活的期望不能过高。虽然谁都会有些需求与欲望,但这要与本人的能力及社会条件相符合。每个人的生活有欢乐，也有缺失，不能搞攀比。

心理调适的最好办法就是做到知足常乐，"知足"便不会有非分之想，"常乐"也就能保持心理平衡了。

## 暴躁的性格是发生不幸的导火索

一个人性格暴躁的最直接表现就是非常容易愤怒，愤怒是一种很常见的情绪，特别是年轻人，比如，血气方刚的小伙子。他们往往三两句话不对，或为了一点小事情就大打出手，造成十分严重的后果。

其实，愤怒是一种很正常的情绪，它本身不是什么问题，但如何表达愤怒则易出问题。有效地表达愤怒会提高我们的自尊感，使我们在自己的生存受到威胁的时候能勇敢地战斗。

脾气暴躁，经常发火，不仅是强化诱发心脏病的致病因素，而且会增加患其他病的可能性，它是一种典型的慢性自杀。因此为了确保自己的身心健康，必须学会控制自己，克服爱发脾气的坏毛病。

能否有效地抑制生气和不友好的情绪，使自己更融于他人呢？这主要在于自己的修养和来自亲人及朋友的帮助与劝慰。实验证明：在行为方式有所改善的人中，死亡率和心脏病复发率会大大下降。为了控制或减少发火的次数和强度，必须对自己进行意识控制。当愤愤不已的情绪即将爆发时，要用意识控制自己，提醒自己应当保持理性，还可进行自我暗示："别发火，发火会伤身体。"有涵养的人一般能控制住自己。同时，及时了解自己的情绪，还可向他人求得帮助，使自己遇事能够有效地克制愤怒。只要有决心和信心，再加上他人对你的支持、配合与监督，你的目标一定会达到。

一般来说，性格暴躁的人都有如下的一些表现：

①情绪不稳定。他们往往容易激动。别人的一点友好的表示，他们就会将其视为知己；而话不投机，就会怒不可遏。

②多疑，不信任他人。暴躁的人往往很敏感，对别人无意识的动作，或轻微的失误，都看成是对他们极大的冒犯。

③自尊心脆弱，怕被否定，以愤怒作为保护自己的方式。有的人希望和别人交朋友，而别人让他失望了，他就给人家强烈的羞辱，以挽回自己的自尊心。这同时也就永远失去了和这个人亲近的机会。

④不安全感，怕失去。

⑤从小受娇惯，一贯任性，不受约束，随心所欲。

⑥以愤怒作为表达情感的方式。有的人从小父母的教育模式就是打骂，所以他也学会了用拳头作为表达情绪的唯一方式。甚至有时候，愤怒是表达爱的一种方式。

⑦将别处受到的挫折和不满情绪发泄在无辜的人身上。

应当说，性格是一个人文化素养的体现。大凡有文化、有知识、有修养者，往往待人彬彬有礼，遇事深思熟虑，冷静处置，依法依规行事，是不会轻易动肝火的。而大发脾气者，大多是缺乏文化底蕴的人，他们似干柴般的暴躁性格，遇火便着，任凭自己的性情脱缰奔驰，直至撞墙碰壁，头破血流，惹出事端。

所以，总是易暴躁的人，提高自己的素质修养刻不容缓。

下面的8条措施将帮助你完成改变暴躁性格这一心理、生理转变过程，臻于性格的完善。

### 1. 承认自己存在的问题

请告诉你的配偶和亲朋好友，你承认自己以往爱发脾气，决心今后加以改进。要求他们对你支持、配合和督促，这样有利于你逐步达到目的。

**2. 保持清醒**

当愤愤不已的情绪在你脑海中翻腾时，要立刻提醒自己保持理性，你才能避免愤怒情绪的爆发，恢复清醒和理性。

**3. 推己及人**

把自己摆到别人的位置上，你也许就容易理解对方的观点与举动了。在大多数场合，一旦将心比心，你的满腔怒气就会烟消云散，至少觉得没有理由迁怒于人。

**4. 诙谐自嘲**

在那种很可能一触即发的危险关头，你还可以用自嘲从危机中解脱出来。"我怎么啦？像个3岁小孩，这么小肚鸡肠！"幽默是卸掉发脾气的毛病的最好手段。

**5. 训练信任**

开始时不妨寻找信赖他人的机会。事实会证明：你不必设法控制任何东西，也会生活得很顺当。这种认识不就是一种意外收获吗？

**6. 反应得体**

受到残酷虐待时，任何正常的人都会怒火中烧。但是无论发生了什么事，都不可放肆地大骂出口。而该心平气和、不抱成见地让对方明白，他的言行错在哪儿，为何错了。这种办法给对方提供了一个机会，在不受伤害的情况下改弦更张。

**7. 贵在宽容**

学会宽容，放弃怨恨和报复，你随后就会发现，愤怒的包袱从双肩卸下来，显然会帮助你放弃错误的冲动。

### 8. 立即开始

爱发脾气的人常常说:"我过去经常发火,自从得了心脏病,我认识到以前那些激怒我的理由,根本不值得大动肝火。"请不要等到患上心脏病才想到要克服爱发脾气的毛病,从今天开始修身养性不是更好吗?

一位哲人如是说:"谁自诩为脾气暴躁,谁便承认了自己是一名言行粗野、不计后果者,亦是一名没有学识、缺乏修养之人。"细细品味,煞是有理,"腹有诗书气自华"。愿我们都能远离暴躁脾气,做一个有知识、有文化、有修养的人。

能够自我控制是人与动物的最大区别之一。所以脾气虽与生俱来,但可以调控。多学习,用知识武装头脑,是调节脾气的最佳途径。知识丰富了,修养提高了,法纪观念增强了,脾气这匹烈马就会被紧紧牵住,无法脱缰招惹是非。甚至刚刚露头,即被"后果不良"的意识所制约,最终把上蹿的脾气压下,把不良后果消灭在萌芽状态。

## 依赖只能把你变为别人的附属

他们一般很幼稚、顺从,但却常怀疑自己可能被拒绝,在任何方面都很少表现出积极性,显得缺乏对生活的信心和力量。由于这种人缺乏基本应付生活的能力,所以一般很难适应新的环境和生活,需要逐步引向独立。

依赖型人格一般发源于幼年时期。幼年时期儿童离开母亲就不能生存,在儿童印象中保护他、养育他、满足他一切需要的母亲是万能的,他们必须依赖她,总是怕失去这个保护神。

这时如果父母过分地溺爱其子女，或者因内疚、负罪感而超乎常理地爱护其子女，或者因在社会生活中的自卑感而特别宠护其子女，以此来获得子女的爱戴、尊敬，满足其自尊心，那就只会鼓励子女依赖父母，使他们没有长大和自立的机会。

久而久之，在子女的心目中就会逐渐产生对父母或权威的依赖心理，成年以后依然不能自己做主，总是依靠他人来做决定，缺乏自信心，终身不能负担起选择及果断处理各项事件的责任，成为依赖型人格。

具有依赖型人格的人一般十分温顺、听话，他的巴结和逢迎最初受人欢迎，可能会引起人们的好感。但不久，这种黏着性依赖就会令人厌烦，因此他们很难处理好人际关系。依赖型人格常常缺乏自信，显得悲观、被动、消极，在人际关系中总处在被动位置。

从心理学角度看，依赖心理是一种习以为常的生活选择。当你选择依赖时，就会使你失去独立的人格，变得脆弱、无主见，成为被别人主宰的可怜虫。

然而，依赖心理也并非是一种顽症，而是可以逐步克服的。树立独立的人格，培养独立的生存能力，是克服依赖心理的首选目标。

树立独立的人格，培养自主的行为习惯，一切自己动手，自然就与依赖无缘了。对于已经养成依赖心理的人来说，那就要用坚强的意志来约束自己，无论做什么事都有意识地不依赖父母或其他的人，同时自己要开动脑筋，把要做的事的得失利弊考虑清楚，心里就有了处理事情的主心骨，也就敢于独立处理事情了。

树立人生的使命感和责任感。一些没有使命感和责任感的人，生活懒散，消极被动，常常跌入依赖的泥坑。而具有使命感和责任感的人，都有一种实现抱负的雄心壮志。他们对自己要求严格，做事认真，不敷衍了事、马虎草率，具有一种主人翁精神。这种精神是与依赖心理相悖逆的。选择了这种精神，你就选择了自我的主体意识，就会因依赖他人而感到羞耻。

要培养独立生存能力，不妨单独地或与不熟悉的人办一些事或做短期外出旅游。这样做的目的，是为了锻炼独立处事能力。

自己单独地办一件事，完全不依赖别人，无论办成或办不成，对你都是一种人格的锻炼。与不熟悉的人外出旅游，由于不熟悉，出于自尊心和虚荣心，你不会依赖他人，事事都得自己筹划，这无形之中就抑制了你的依赖心理，促使你选择自力更生，有利于你独立的人生品格的培养。要克服依赖心理，可从以下几个方面出招：

①要充分认识到依赖心理的危害。要纠正平时养成的习惯，提高自己的动手能力，多向独立性强的人学习，不要什么事情都指望别人，遇到问题要做出属于自己的选择和判断，加强自主性和创造性。学会独立地思考问题。独立的人格要求独立的思维能力。

②要在生活中树立行动的勇气，恢复自信心。自己能做的事一定要自己做，自己没做过的事要去锻炼。正确地评价自己。

③丰富自己的生活内容，培养独立的生活能力。在学校中主动要求担任一些班级工作，以增强主人翁的意识。使我们有机会去面对问题，能够独立地拿主意，想办法，增强自己独立的信心。

④多向独立性强的人学习。多与独立性较强的人交往，观察他们是如何独立处理自己的一些问题的，向他们学习。同伴良好的榜样作用可以激发我们的独立意识，改掉依赖这一不良性格。

# 第九章 性格拉动健康的纤绳

完美的健康,应该是身体与心理的双重健康,因此,健康与性格有着千丝万缕的关系。情绪的时涨时落,原本是正常现象,愉快、喜悦给人以正面的刺激,有益于健康;而苦恼消极会给人以负面影响,诱发各种疾病,使原有的病情加重。如何调控好喜怒哀乐,让内在力量"性格"有利于我们的健康,便成了值得深究和学习的课题。

## 性格与健康密切相关

研究资料表明,各种精神疾病,特别是神经官能症往往都有相应的特殊性格特征为其发病基础。例如强迫性神经症,其相应的特殊性格特征称为强迫性性格,其具体表现是谨小慎微、求全责备、自我克制、优柔寡断、墨守成规、拘谨呆板、敏感多疑、心胸狭窄、事后易后悔、责任心过重和苛求自己等。又如,与癔症相联系的特殊性格特征是富于暗示性、情绪多变、容易激动、耽于幻想、以自我为中心和爱自我表现等。有人以癔症为例,对精神刺激因素和特殊性格特征这两种因素在造成心理障碍过程中所起作用的相互关系,用一个长方形来表示。长方形中的一条对角线将其分为两个三角形，上方的三角形表示精神刺激因素，下方的三角形表示特殊人格特征。如果与癌症相联系的性格特征越明显，则只要有较轻微的精神刺激因素即可致病；相反地，与癌症相联系的特殊性格特征越不明显，则需要有较强烈的精神刺激因素的作用才能致病。此外，精神分裂症被认为是与孤僻离群、多疑敏感、情感内向、胆小怯懦、较爱幻想等特殊性格特征密切相关。

有些人平时特别容易激动，生活中一遇到困难或稍有不如意的事情，就整天焦虑、紧张，还有恐惧感，这种性格的人很容易得高血压疾病。

有的人生来乐观，而有的人却容易悲观失望，抑郁性格的人遇到一点不顺心的事就容易情绪消沉，对工作、活动丧失兴趣和愉快感，忧心忡忡，有时还有自杀念头，很容易得抑郁症。

性格与健康之间应该是互动的关系，我们常说的身心平衡，就是这个意思。一个人心情好了健康状况就会好，人的身体健康了心情也就自然会舒畅。

坚强的意志和毅力，能增强人体的免疫力。而免疫力又受到神经系统和内分泌系统的调节和支配。神经系统是由中枢神经（大脑）和周围神经组成。由这两个系统通过神经纤维与激素来调节和支配免疫系统，而免疫系统同样对神经、内分泌系统有调节作用，相互调控使机体与外界保持动态平衡、维护身体健康。一旦某个环节发生故障，自身调节障碍，都可能对其他系统的功能产生影响而致病。

比如，妇女因精神情绪紊乱、生活不规律可导致月经失调，在哺乳期可导致泌乳停止。美国抗癌协会曾有统计资料说明，约有10％的癌症病人可以自愈，这说明坚强的意志和毅力能激发体内产生"脑啡呔"样物质，增强机体免疫力，在体内产生了很强的抗癌力甚至自愈力。

乐观、知足、友善的个性和恬淡、平和的心态，能刺激人体释放大量有益于健康的激素。大脑可以合成50余种有益物质，指令自身免疫功能，其功能状况往往决定人对疾病的易感性和抵抗力。乐观、知足、友善的个性和恬淡、平和的心态能刺激机体释放大量有益于健康的激素、酶，促进新陈代谢。

恐慌、自我封闭、敏感多疑、多愁善感，或过于争强好胜，或过分追求完美，都容易造成内心冲突激烈、人际关系紧张，这种状况会抑制和打击免疫监视功能，诱发或加重疾病。

俗话说："人非草木，孰能无情。"在我们生活的大千世界中，每个人都要面对许多人和事的变化，都要受到各种各样的刺激和影响。针对某一事物，不同的性格会表现出不同的情绪反应。情绪反应不仅要通过心理状态而且要通过生理状态的广泛波动实现。祖国医学把人的情绪归纳为七情：喜、怒、忧、思、悲、恐、惊。当这些精神刺激因素超过人的承受限度，或长期反复刺激，便会引起中枢神经系统的失控，内脏功能紊乱，从而引发疾病，甚至会使脏器发生器质性病变。

人的心态，尤其是情感和情绪是生命的指挥仪和导向仪。在一切对人不利的影响中，最使人颓丧、患病和短命夭亡的就是不良情绪和恶劣心境。相反，心理平衡、笑对人生，特别有利于身心健康。所以有人说："自信而愉快是大半个生命；自卑和烦恼是大半个死亡。"愉快的情感会使健康人不容易患病，而使患病者乃至危重病人也能得以康复，创造奇迹。

因此，我们说性格是生命的指挥仪和导向仪。保持良好的性格是促进健康的重要因素，是保证健康的重要秘诀。

## 心理影响生理

所谓"健康"是包括身体健康和心理健康两大方面的，而这两方面又是相互影响的，身体会影响到心理，而心理也会影响到身体。从科学的角度来说，不仅我们的心理上不允许我们流露出脆弱来，我们的身体也不允许。如果你放任自己的不良情绪，身体就会乱了套。这是身体因你不够坚强而在"惩罚"你。

有这样的个案：考试即将来临，紧张繁重的学业压得小王喘不过气。这些天，她常莫名其妙地烦躁和焦虑，到了晚上，终于可以一个人静下来时，她却失眠了。

专家给小王安排了一个特殊的游戏课程。一种类似于耳机的微电极戴在小王的头部，耳机另一头用连线接在电脑上。启动程序，电脑屏幕上出现了游戏界面，随着轻松的音乐，小王逐渐放松，并进入游戏中，面对屏幕上滑稽可爱的动画，还有富有趣味性的提问，小王的脑电波信号传输到电脑设备上，用自己头脑中传出来的电波操纵着游戏进程，一路过关。

游戏结束后，紧张烦躁的症状没了，整个人也彻底放松了一次。经历过几次这样的游戏课程，小王笑着说："这几天睡得可真香！"

这是生物反馈治疗。目前这种治疗已经在国内试用，通过这种类似控制大脑思想的治疗，可以稳定患者的情绪，调整控制身体功能。

其实，早在20世纪就有学者对情绪波动对人体脑运动的影响做过研究。研究显示，当患者情绪忧郁、恐惧或易怒时，可显著影响脑的正常功能，脑活动也明显受到抑制。据统计，功能性的脑功能障碍患者中符合抑郁症诊断标准的占30%以上，脑功能紊乱患者中50%以上伴有抑郁。

由于人们对心理、精神障碍可以引起诸多的躯体症状认识不足,所以,很难想到这些消化不良、胃痛、腹泻等症状会是由心理、精神障碍引起的,其实如果能及时到医院就诊,经医生鉴别,如果消化道症状是由于抑郁引起的而非躯体器质性疾病所致,这些症状的消除就需要抗抑郁的治疗。抗抑郁治疗一般常用心理治疗与药物治疗相结合的方法。患者可以从医生那里得到真诚的解释、劝告、建议和纠正一些不正确的认识。当心理治疗效果不理想时,经医生诊断后可遵医嘱服用抗抑郁药物,一般都会取得较好的疗效。随着情感障碍的纠正,因它引起的身体的各种不适症状也会随之好转。

目前,医学上关于人的性格对一些心理疾病有很大的影响是十分肯定的。而且,现在较公认的有以下4种性格与身体疾病关系密切:

### 1. 急躁好胜型

快节奏、竞争性强、易激怒、敌意、反应敏捷。这类性格的人容易得冠心病、中风、高血压、甲亢。

### 2. 知足常乐型

节奏慢、安静、顺从、知足、缺少抱负、不喜竞争、中庸、缺乏主见、多疑。这类性格的人容易得失眠、抑郁、疑病症、强迫症等。

### 3. 忍气吞声型

过度克制压抑情绪、生闷气、有泪往肚里流。这类性格的人容易得肿瘤、促进肿瘤转移、内分泌紊乱。

### 4. 孤僻型

冷漠、消极、悲观、独处、没有安全感。这类性格的人容易得心脏病、肿瘤、精神疾病。

因此无论健康或患病，都要学会在紧张的生活节奏和沉重的负担中放松自己，在恶劣的精神刺激下解脱自己。

## 沮丧会影响你的心脏

我们在日常生活中常常会遭受到坏情绪侵袭：忧郁、焦虑、恐慌、空虚、烦躁等。由于这些情绪时常存在，我们也习惯了，并不会对此加以重视。

但你有没有想过坏情绪可以损害你的心脏——这绝不是危言耸听。美国俄亥俄州立大学的一项研究报告指出，无论男人或女人，心情沮丧与心脏病皆有关系，但是男人因心脏病死亡的几率较高。

这项报告的作者说，他们发现，沮丧的妇女较不沮丧的妇女罹患心脏病与其他心脏疾病的机会多73%，但因心脏病死亡的机会并未增加。沮丧的男子较不沮丧的男子罹患心脏病的机会多71%，因心脏病死亡的机会多2.34倍。

研究说明："目前尚不清楚为何女性沮丧与冠状动脉心脏病有关，但却不一定会死亡。"

那为什么男人比女人会更容易死于心脏病呢？这与男人和女人的性格差异有着巨大的关系。尤其是在现代社会，社会对男人的要求很高。其压力也很大，而自古就有"男儿有泪不轻弹"的思想束缚着男人的情绪和压力的发泄，他们总是把压力和沮丧一直封闭在内心深处，久而久之，一旦爆发后果将不堪设想。而女人则不同，女人较男人更加感性，她们在面对压力或沮丧时可以毫无顾忌地大哭，而哭又正是一个人情绪和压力发泄的最好途径，也正因为如此，她们的心理往往比男人更健康。

沮丧与心脏病间显然有许多关联因素，包括沮丧的人更可能会有高血压的危险，也可能有更多心悸的问题等。

因此，一旦你沮丧的时候，一定要及时调整，早日从这种坏情绪中走出来。下面几种方法也许会对你有所帮助。

### 1. 自我设问法

通过自己设问自己回答，寻找产生沮丧的原因。

### 2. 元气恢复疗法

在心情特别沉闷时，为了驱散它，就要爽朗行事，行动要有自信，不要愁眉不展，而要挺胸、扬眉、谈笑风生、考虑振奋人心的事，提起精神，驱散心头沉闷，直到真正恢复元气。

### 3. 自我调整法

人们常因思考方法不对，学习习惯、工作习惯及生活方式不良而屡遭挫折，感到沮丧。对自己的思考、行为习惯和生活方式进行适当的调整，以使自己适应变化的环境，也能有效地治愈沮丧症。

### 4. 色彩疗法

当一个人感到沮丧时，他会觉得眼前一片灰暗。一个沮丧的人如若老是待在屋里，更会产生被禁锢的感觉。色彩疗法对沮丧症患者能起到心理松弛的作用。有利于控制沮丧情绪，因此，应该在感到沮丧时多出来走走，在大自然中感受艳丽的颜色，从而驱赶沮丧的情绪。

## 失眠的困扰

据卫生部1999年公布的一份统计资料披露,我国失眠症患病人数已达120万~140万。在我国城市居民中,失眠症的发病率已高达10%~20%。估计有睡眠障碍的人数还要在这之上。

人更多的是由于情绪紧张不安、心情抑郁,过于兴奋、生气愤怒等引起失眠。有学者研究发现,在300例失眠患者中,85%的人是由于心理因素引起的。抑郁症、神经衰弱、精神分裂症的病人大多失眠。心理因素对失眠有着重要的影响,反过来失眠又影响到人的心理。失眠使人精力不足、精神萎靡、注意力不集中、情绪低沉,使人急躁、紧张、易发脾气,降低人的学习效率与工作效率。长期失眠有可能使人的感受能力降低,记忆力减退,思维的灵活性减低,计算能力下降,还会使人的情绪状态发生一些改变。失眠对人的心理影响程度不仅取决于失眠的长短和严重的程度,而且在相当大的程度上取决于失眠患者的心理状态和对失眠的认识态度。

在诸多因素之中,最重要的是心理、精神因素,它约占慢性失眠患者的半数。短时间失眠,常是因环境应激事件引发,而一旦这种应激逐渐消退,就可恢复正常睡眠;而长期失眠者,忧虑是失眠的最常见的病因。恐惧症、焦虑症、疑病症、强迫症与失眠的关系都很密切。

因此,我们如果要保持健康的睡眠,除了要有合适的环境外,我们的个人心态很重要。环境通常很难改变,而心态却可以做一定的调节,以有利于我们更好地休息。

睡眠最主要的还是一个质量问题。每天能够很好地睡上三四个小时要比脑子里乱七八糟地睡上10小时都好。不管你再怎么倒霉,遇到再烦恼的事,也应该睡个好觉,保持好的精神状态。

以下几种是有利于正常睡眠的合适心态和方法：

①拥有平静的心态、放松的心境、稳定的情绪。

②出自关心个人健康，愿意有规律地生活，遵守按时睡眠的习惯。

③意识到一天的生活和工作已结束，有休息的愿望，不把烦恼问题带到床上。

④临睡前喝一杯浓牛奶，牛奶有催眠的作用。

⑤放一些熏衣草香味的饰物在床头，其香味可使人放松。

⑥可以在睡眠中进行数数一直到不知不觉地睡着。

⑦保证充足的睡眠时间，8小时为宜。

## 紧张性头痛

国外专家研究表明，长期处于紧张状态会对人体健康产生致命的影响。在一个讲究高效率的现代社会里，人们实际上不仅要在工作中承受这种高效率所带来的巨大压力，同时还要承受一个高度发达的社会环境给人们的生活所带来的压力。在压力日益增大的环境中，许多人已不知不觉地成了工作和生活的奴隶，而且他们长期处于紧张状态的身体也开始不断发出不和谐的抱怨。最近发表的一项科学研究报告表明，长期处于紧张状态可以对人体健康产生致命的影响。

一项最新科学研究结果表明，当一个人由于工作和生活压力所迫长期处于紧张状态时，其体内有一种叫作IL-6的免疫蛋白的浓度会超过正常值。存在于血液中的IL-6免疫蛋白是一种能够引发炎症的物质。研究证明，这种免疫蛋白与一些中年人易患的疾病如心脏病、糖尿病、骨质疏松症、虚弱和某些癌症有关。研究结果还表明，紧张对人体健康产生的影响与人的年龄增长成正比，岁数越大的人，紧张状态对其健康所产生的损害也就越大。此外，研究人员还发现，那些工作或生活在紧张环境中的人容易做出一些会使IL-6浓度升高的事情，例如抽烟或猛吃猛喝，而吸烟和发胖都会使IL-6浓度上升。同时，研究人员告诫说，那些身处紧张环境中但尚未出现严重疾病的人千万不要以为自己的"抗压能力"很好，因为紧张对人体健康的影响有个累积的过程。

而紧张对身体所造成的最常见也是最直接的不良影响则是紧张性头痛，而且，几乎在每个人的一生中都有过头痛体验。据统计，40岁以前经历过严重头痛的人为40％。而在医院的神经科门诊，因被头痛折磨得束手无策而不得不来就诊的人数，占了全部就诊人数的40％。

这是现代都市人较易染上的一种时髦病，头痛频率没有规律，受人的性格、年龄和教育程度等影响，性格比较封闭内向，受教育程度相对较高的30余岁的年轻人最易发生，且往往形成惯性，每遇压力即会不同程度地出现头痛。

紧张性头痛好发于"白领"阶层中的年轻职员，尤其是青壮年女性多见。而且去医院就诊的头痛病人中，绝大多数都是紧张性头痛，其中75％的头痛者为女性。另外，由于工作压力太大了，情绪经常处于紧张状态；工作时的坐姿不当，睡觉时的枕头高度不合适，造成了颈部肌肉紧张；过度疲劳，睡眠欠佳。

因此，适当地学会"诉苦"，减轻心中的郁闷。人们在工作中和生活中所遇到的压力是各种各样的。减轻这些压力有一个通用配方，这就是"诉苦"。每当自己感到有压力时，不妨找自己的好朋友倾诉一下。如果一时找不到合适的朋友听自己倾诉，自己对自己倾诉对减轻所遇到的压力也是有帮助的。有不少人认为向别人倾诉自己的苦处是一种懦弱的表现。实际上，倾诉内心的郁闷是一种科学的心理排遣方式，与勇敢与否没有任何联系。

## 学会做自己的心理医生

　　生活中的每一个人，承担各自的社会责任，都存在不同程度的心理卫生问题。随着社会不断变革，人们的情感、思维方式、知识结构、人际关系在发生变化，诱发心理问题的因素也是多种多样的。据专家介绍，由于现代人的生活方式的改变、生活节奏的加快，一些人的盲目行为增多，加之过分追求短期效益，失败的几率较高，造成内心失去平衡。容易产生心理问题。心理专家认为：一个人的心理状态常常直接影响他的人生观、价值观，直接影响到他的某个具体行为。因而从某种意义上讲，心理卫生比生理卫生显得更为重要。从理论上讲，一般的心理问题都可以自我调节，每个人都可以用多种形式自我放松，缓和自身的心理压力和排解心理障碍。面对"心病"，关键是你如何去认识它，并以正确的心态去对待它。虽然我们找心理医生看病还不能像看感冒发热那样方便，但只要提高自己的心理素质，学会心理自我调节，学会心理适应，学会自助，每个人都可以在心理疾患发展的某些阶段成为自己的"心理医生"。

　　第一，要加强修养，遇事泰然处之。要清醒地认识到生命总是由旺盛走向衰老直至消亡，这是不能抗拒的自然规律。应当养成乐观、豁达的个性，平静地接受生理上出现的种种变化，并随之调整自己的生活和工作节奏，主动地避免因生理变化而对心理造成的冲击。事实上，那些拥有宽广胸怀、遇事想得开的人是不会受到灰色心理疾病困扰的。

第二，要合理安排生活，培养多种兴趣。人在无所事事的时候常会胡思乱想，所以要合理地安排工作与生活。适度紧张有序的工作可以避免心理上滋生失落感，令生活更加充实，而充实的生活可改善人的抑郁心理。同时，要培养多种兴趣。爱好广泛者总觉得时间不够用，生活丰富多彩就能驱散不健康的情绪，并可增强生命的活力，令人生更有意义。

第三，尽力寻找情绪体验的机会。一是多想想你所从事的事业，时时不忘创新，做出新的成绩，跃上新的台阶；二是要关心他人，与亲朋、同事同甘共苦，无论悲欢离合，都是对心理的撼动，它会使人头脑清醒、心胸开阔；三是多参加公益活动，乐善好施，为子孙造福。最好是学会一门艺术，无论唱歌弹琴、写作绘画、集邮藏币，都会使你进入一种新的境界，产生新的追求，在你的爱好之中寻找乐趣。

第四，保持心理宁静。面对大量的信息不要紧张不安、焦急烦躁、手足无措，要保持心情宁静，学会吸收现代科学信息的方法，提高应变能力。还要尽量多的设想出获取它们的可行途径，并选择一个最佳方案行动，从而减轻个人的心理负担，收到事半功倍之效。

第五，适当变换环境。一个人在一个缺乏竞争的环境里容易滋生惰性，不求有功但求无过，过于安逸的环境反而更易引发心理失衡。而新的环境，接受具有挑战性的工作、生活，可激发人的潜能与活力，变换环境进而变换心境，使自己始终保持健康向上的心理，避免心理失衡。

第六，正确认识自己与社会的关系。要根据社会的要求，随时调整自己的意识和行为，使之更符合社会规范。要摆正个人与集体、个人与社会的关系，正确对待个人得失、成功与失败。这样，就可以避免心理失衡。

# 身心健康的"营养素"

现代人在很多时候很多场合都会产生一些异常心理,虽说这些异常心理人人都有,是正常的心理现象,但是必须在其尚未完全异常前加以调适。现代人的心理失衡是一种不健康状态,已经成为一种严重的社会问题,因此,必须设法摆脱心理失衡使思维正常运作,走出心灵的误区。

健康包括身体和心理两个方面,身体健康和心理健康一直是互相影响的。有个故事说,有两个人同去医院检查身体,一个查出患胃癌,一个查出患胃溃疡。被查出患胃癌者觉得死期将至,因此心如死灰,病情迅速加重,很快一命呜呼;而被查出患胃溃疡者因为觉得身体无大碍,心情顿觉轻松,病情也得到了缓解。一次他去复查,医生惊呼他创造了"癌症治疗的医学奇迹",他这才知道自己原来得的是胃癌,上次医生将他的检查结果弄错了。惊愕之后他恍然大悟,依然保持乐观态度,积极治疗和生活,继续创造新的"医学奇迹"。

这个故事很有启发性。临床上常见一些患者,总觉得身体到处都是病痛,做了无数次检查却查不出问题,最后转到精神科,诊断为"躯体化障碍"。"躯体化障碍"通俗地讲,就是心理毛病转化为躯体不适。高血压、冠心病、牛皮癣等许多躯体疾病,其起因和发展都与心理因素密切相关,医学上称为"心身疾病",即心理因素引起的躯体疾病。

一般人都知道,身体的生长发育需要充足的营养,事实上,心理"营养"也非常重要,若严重缺乏,则会影响心理健康。那么,人重要的心理健康"营养素"有哪些呢?

### 1. 最为重要的精神"营养素"是爱

爱能伴随人的一生。童年时期主要是父母之爱,童年是培养人心理健康的关键时期,在这个阶段若得不到充足和正确的父母之爱,就将影响其一生的心理健康发育。少年时期增加了伙伴和师长之爱,青年时期情侣和夫妻之爱尤为重要。中年人社会责任重大,同事、亲朋和子女之爱十分重要,它们会使中年人在事业、家庭上倍添信心和动力,让生活充满欢乐和温暖。至于老年人,晚年幸福是关键。

### 2. 重要的精神"营养素"是宣泄和疏导

无论是转移回避还是设法自慰,都只能暂时缓解心理矛盾,而适度的宣泄具有治本的作用,当然这种宣泄应当是良性的,以不损害他人、不危害社会为原则,否则会恶性循环,带来更多的不快。心理负担若长期得不到宣泄或疏导,则会加重心理矛盾,进而成为心理障碍。

### 3. 善意和讲究策略的批评,也是重要的精神"营养素"

一个人如果长期得不到正确的批评,势必会滋长骄傲自满、固执、傲慢等毛病,这些都是心理不健康发展的表现。过于苛刻的批评和伤害自尊的指责会使人产生逆反心理。遇到这种"心理病毒"时,就应提高警惕,增强心理免疫能力。

### 4. 坚强的信念与理想也是重要的精神"营养素"

信念与理想对于心理的作用尤为重要。信念和理想犹如心理的平衡器,它能帮助人们保持平稳的心态,度过坎坷与挫折,防止偏离人生轨道,进入心理暗区。

### 5. 宽容也是心理健康不可缺少的"营养素"

人生百态,万事万物不可能都称心如意,无名之火与萎靡颓废常相伴而生,宽容是脱离种种烦扰,减轻心理压力的法宝。

# 第十章 性格左右你的人际交往

良好的人际关系是一个人走向成功的软资本，同时也会是生活健康愉悦的调味剂。

人际关系良好的人往往拥有许许多多的朋友，并且经常相互帮助。因此，良好的人际关系对任何一个人来说都是至关重要的，它就像是一座座桥梁，建得多了、广了，你就能到达更远、更好的地方。

## 建立良好的人际关系

良好的人际关系总是能让你远离挫折所带来的伤害，在最短的时间内给你最好的慰藉。然而，挫折实际上是不可避免的。

因此，每一个正常的人，总要有几个思想上、学习上或生活上志同道合的挚友，经常能从他们那里获得鼓励、信任、支持和安慰等。在与周围的人相处时，其肯定的态度（如尊敬、信赖、友爱等）一般总多于否定的态度（如憎恶、怀疑、恐惧等）。对其所属的集体，也有一种休戚相关、安危与共的情感，并愿意牺牲个人欲望或利益去谋取集体的发展。

这样，他就能被他所处的集体所容纳和认同，避免由于人际关系的紧张而导致的心理挫折，即使偶尔出现这种挫折，也能很快消除。

美国杰出的人本主义心理学家罗杰斯这样说过：

"我希望人们能听我倾诉自己的心里话。在我的一生中，有好几次我感到自己因无法解决问题而火冒三丈，或者陷入苦恼不堪的恶性循环中而不能自拔，或者一时被绝望的心情和认为一切都毫无价值和意义的心情所压倒。

"可以肯定，在这时候我已经处于病态的心理状态。我比大多数人有幸的是，在这些时候我总能找到人倾诉自己的苦衷，由此使我从精神纷乱中解脱出来。最幸运的是，他们往往能够比我自己更深刻地倾听和理解我的意思。

"然而，使人万分惊讶的是，如果有人倾听并理解你，那些可怕的情感就立刻变得可以忍受，那些似乎不可思议的因素都会变得合乎情理易于理解，那些看来永远无法澄清的迷惘困惑也都变成比较清澈透明的涓涓细流。我一直很珍视别人能以敏感的、充满感情的、聚精会神的方式听我倾诉的可贵时刻。"

当你满腹冤屈的时候，到朋友那里，滔滔不绝地说出来，得到同情和安慰，也许，朋友给你物质上的帮助是有限的，但给你精神上的帮助是无法计算的。

要建立和谐的人际关系，要使自己受人喜爱，受人欢迎，让他人觉得跟你做朋友十分有趣，这需要花些心机和时间，同时又要关心别人，要友好相处。有朋友，便有支持，有鼓励，便一定能振作精神。

如果说，人的一生就像拼凑一片片的拼图，那么，唯有能充分享受拼凑过程中"找寻与思考"乐趣的人，才能充分体验生活的乐趣与领悟生命的真谛。

## 切莫清高孤傲

　　一个清高而孤傲的人往往把自己抬得太高而将别人看得很低,这样,他们总是以一副高高在上、盛气凌人的架势去对待别人,势必会引起别人的反感。这种人在社交中很难交到朋友,而且容易自己去孤立自己,拒他人于千里之外,久而久之则会形成社交障碍,成为一个不为人们喜欢的人。

　　中国的传统文化素来鄙视傲慢,崇尚平等待人。一般来说,知识越多,学问越广的人就会越谦虚;文化越低,气量越小的人就会越傲慢。被奉为千古宗师的孔子说过这样的话:要知之为知之,不知为不知。莫忘三人行必有我师。谦逊的态度会使人感到亲切;傲慢的架子会使人感到难堪。

　　相传南宋时江西有一名士傲慢之极,凡人不理。一次他提出要与大诗人杨万里会一会。杨万里谦和地表示欢迎,并提出希望带一点江西的名产配盐幽菽来。名士见到杨万里后开口就说:"请先生原谅,我读书人实在不知配盐幽菽是什么乡间之物,无法带来。"杨万里则不慌不忙地从书架上拿下一本《韵略》,翻开当中一页递给名士,只见书上写着:"豉,配盐幽菽也。"

　　原来杨万里让他带的就是家庭日常食用的豆豉啊!此时名士面红耳赤,方恨自己读书太少,后悔自己为人不该傲慢。

　　要做到不傲慢需要注意做到如下两点:一是认识自己;二是平等待人。防止傲慢首先要认识自己。一个人要正确认识自己是很不容易的。傲慢的人要么自以为有知识而清高,要么自以为有本事而自大,要么自以为有钱财而不可一世,要么自以为有权势而压人。殊不知,山外有山,楼外有楼,还有能人在前头。人贵有自知之明,古今中外成大事业者,都是虚怀若谷,好学不倦,从不傲慢的人。宋代文学家欧阳修,其晚年的文学造诣可说是达到了炉火纯青的地步,但他从不恃才傲物,仍一遍遍修改自己的文章。他的夫人怕他累坏了身体,劝他说:"何必这样自讨苦吃?又不是小学儿,难道还怕先生生气吗?"欧阳修回答说:"不是怕先生生气,而是怕后生笑话!"虚心自知,才是医治傲慢的一剂良方。

　　与人交往一定要做到平等待人。平等待人不仅是文明礼貌的行为,也是人品修养的天平。平等待人是针对傲慢无理而言的。它要求人们在社会交往中,不管彼此之间的社会地位和生活条件有多大的差别,都要一视同仁。待人要切忌"势利眼"。古人言"不谄上而慢下,不厌故而敬新",就是告诉我们待人时不应用卑贱的态度去巴结逢迎有权势、有钱财的人,而怠慢经济条件较差、社会地位不高的人。人本无高低贵贱之分,每个人都有自己的人格,人格作为人的一种意识和心理深深地附着在人的身上。维护人格的基本要求是不受歧视,不被侮辱,即要求平等。

　　如果你不愿遭到别人的反感、疏远,那你要在做人上多个"心眼",切勿傲慢和过分强调自我,要注意加强品德修养,谨防傲慢,那你的人际关系就会变得很和谐。

　　因此,在别人面前,我们切不可清高孤傲、不可一世,一定要懂得去平等地对待我们身边的每一个人。对别人的尊重也是对自己的尊重,要记住:我们期待别人怎样对待我们,那么,我们也要去怎样对待别人。

## 学会赞美他人

　　真诚的赞美,于人于己都有重要意义。对别人来说,他的优点和长处,因你的赞美显得有光彩;对自己来说,表明了你已被别人的优点和长处所吸引了。生活中，我们应该学会称赞别人。

渴望赞扬是每一个人内心的一种基本愿望。美国心理学家威廉·詹姆斯说："人类本性上最深的企图之一是期望被赞美、钦佩、尊重。"

社交场合中，赞美他人已成为一门独立的学问，能否掌握和运用这门学问，使之符合时代的要求，这是衡量现代人的素质的一个标准，也是衡量一个人交际水平高低的标志之一。

很多老师都有这样的经验：对落后的学生，过多的处罚和批评是无济于事的。这些学生粗一看简直一无是处，但你只要找到一件值得赞美的事，对他们予以赞美，他们就会好上一阵子，似乎有了一种脱胎换骨的变化。

赞美固然不能给你的生活带来实质性的改变，但往往对人产生深刻的影响，有的赞美甚至能改变人的一生。由于小小的误会或久未接触，人与人之间难免会产生一定的距离。消除这些距离的很有效的方法就是恰到好处地赞美对方，这样，双方的关系和感情将会更加融洽。

"称赞对温暖人类的灵魂而言，就像阳光一样，没有它，我们就无法成长开花。但是我们大多数的人，只是敏于躲避别人的冷言冷语，而我们自己却吝于把赞许的温暖阳光给予别人。"著名的心理学家杰丝·雷耳如是说。

19世纪初，伦敦有位年轻人立志做一名作家。他好像什么事都不顺利。这位年轻人还时常受饥饿之苦。他几乎有4年的时间没有上学。他的父亲锒铛入狱，只因无法偿还债务。最后，他找到一份工作，在一个老鼠横行的货仓里贴鞋油底的标签，晚上在一间阴森静谧的房子里，和另外两个男孩一起睡，他们两个人是从伦敦的贫民窟来的。

他对自己的作品毫无信心，所以他趁深夜溜出去，把他的第一篇稿子寄出去，免得遭人笑话，一个接一个的故事都被退稿，但最后他终于被人接受了。虽然他一先令都没等到，但是一位编辑夸奖了他。这位编辑发现了他的才华。他的心情太激动了，为此他漫无目的地在街上乱逛，泪流满面。

你也许听说过这个男孩，他的名字叫查尔斯·狄更斯。因为一个故事的付梓，他所获得的嘉许，改变了他的一生。假如不是那位编辑的夸奖，他可能一辈子都在老鼠横行的工厂做工。

史金纳的基本观点是用赞美来代替批评和冷漠，这位伟大的心理学家以动物和人的实验来证实，当批评减少而多多鼓励和夸奖时，人所做的好事会增加，而那些消极堕落的事会减少。

谈到改变人，假如你我愿意激励一个人来了解他自己所拥有的内在宝藏，那我们所能做的就不只是改变人了，我们能彻底地改造他。人人都渴望被赏识和认同，而且会不计一切去得到它。但没有人会要阿谀这种不诚恳的东西。

威廉·詹姆斯是美国有史以来最有名、最杰出的心理学家之一，他认为："往大处讲，每一个人离他的极限还远得很。他拥有各种能力，但未能运用它。若与我们的潜能相比，我们只是半醒状态。我们只是利用了我们的肉体和心智能源的极小的一部分而已。"

在这些没能开发的能力之中，有一种重要的能力，那就是赞美别人、鼓励别人、激励人们发挥潜在的能力。我们有时候会感觉大部分朋友对我们表现良好的地方好像都不置一语，视为理所当然，可是当我们犯了错误，马上就有人来提醒我们，责备我们，甚至训斥我们。能力会在批评下萎缩，而在赞美下绽放花朵。要成为人类有效的领导者，我们要赞美最细小的进步，而且是赞扬每一次的进步。要诚恳地认同和慷慨地赞美。

但是，若在赞美别人时，不审时度势，不掌握一定的技巧，即使你是真诚地赞美，也会使好事变为坏事。因此，赞美是件好事情，但并不是一件很容易就做到的事情。

所以，要注意使用正确的赞美方法：

### 1. 尊重事实，用词得体

赞美只能在事实的基础上进行。在开口称赞别人之前，先要掂量一下，这种赞美有没有事实根据，对方听了是否会相信，第三者听了是否不以为然。一旦出现异议，你有无足够的证据来证明自己的赞美是站得住脚的。

### 2. 曲线赞美他人

在赞美别人时，如果太直截了当，有时反而会使他感到虚假，或者会使人疑心你不是真诚的。一般来说，曲线赞美无论在大众场合，或在个别场合，都能传达到所赞美的对象，除了起到赞美和鼓舞作用外，还能使对方感到你的赞美是发自肺腑的。

### 3. 内容热忱具体

缺乏热诚的空洞的称赞并不能使对方感到高兴，有时甚至会引起对方的反感，进而认为你是一个虚伪的人，因为你不真诚的态度说出敷衍的话是赞美别人时最忌讳的。因此，一定要牢记，在赞美别人的时候去发现对方身上的闪光点，然后再真诚地对他的闪光点进行赞美。这样你的赞美才是真诚而有效的。

### 4. 把握赞美的度

合理地把握赞美的"度"，是一个必须重视的问题。这一点十分重要。因为适度的赞美，会使人心情舒畅；否则，使人难堪、反感，或觉得你在拍马屁。

当然，应将"赞美"和"拍马屁"区别开来。赞美是一门艺术，可以使别人和自己快乐；而"马屁功夫"则是阿谀奉承且庸俗的东西，一旦落入"拍马屁"的陷阱内，那么你的赞美便不是成功的赞美。一般来说，必须做到：

①赞美他人要实事求是，恰如其分。

②赞美的方式要适宜，即针对不同的对象，采取不同的赞美方式和口吻去适应对方。如对年轻人，语气上可稍带夸张些；对德高望重的长者，语气上应带有尊重的口吻；对思维机敏的人，要直截了当；对有疑虑心理的人，表达要尽量明显，把话说透。

③赞美的频率要适当，在一定时间内，赞美他人的次数越多，赞美的作用就越小，尤其是对同一个人。

所谓"送人玫瑰，手有余香"，因此，不要吝啬你对他人的真诚赞美，要知道，你在赞美他人时也是对自己的一种肯定。

## 与人交往保持适度的弹性

人们知道，松软、富有弹性的东西可以避免或减轻物体之间的碰撞或挤压。人际交往也是同样的道理。交际如果带上了一定的"弹性"，就可以缓和彼此的矛盾，消除相互之间的误会，还给自己留下了慎重考虑、再做选择的余地，从而更好地达到交际的目的。

**1. 和初次接触的人交往**

因为是初交，彼此不怎么了解，心灵尚未沟通，如果过急地亲密，则很容易让人产生交际动机不纯或交际态度轻薄的看法。

生活中有许多人和别人打交道时总是"见面熟"，使人大惑不解，其真诚程度往往大打折扣。相反，如果在初次交往时过于冷淡，又易使人产生你目中无人或深不可测、老谋深算的感觉，使人望而生畏。一般来讲，许多人不愿与过于"老成"的人交往，因为和这类人交往总得带着戒备的心理，以防被对方捉弄。所以，在初次与别人交往时，应通过逐步的接触，视了解的程度和可不可交的情况来确定交往的深度和关系的疏密。当然，因过于谨慎、过于冷漠而失去交友的良机，也是让人遗憾的事情。在初次交往时最聪明的做法是让你的交往带上"弹性"，有伸缩自由的余地，这样就既能把握住良机，又能慎重、充裕地来进行交往了。

### 2. 和有隔阂的人交往

人与人之间总是难免存在着隔阂，一旦隔阂存在，在交往时必然会产生一定的戒备心理。

所以，和与自己有隔阂的人交往时，一般应既主动接近，又保持适当的距离；既"察言观色"，掌握对方心理，又不过于敏感，捕风捉影，胡猜乱疑。一切都应处理得从容不迫，富有"弹性"，留有余地，随着交往的增多，彼此重新认识并意识到过去的误解或认识上的差异，那么，双方的隔阂或矛盾就会消除。

### 3. 在一些特定场合下的交往

有些场合的交往也需要讲究点弹性，比如，在公关活动中，在商业、外交谈判中。这些特殊的交往如果不讲究"弹性"策略，就会操之过急或失之偏颇，一般来讲，在公关活动中，双方既是竞争对手，又是合作伙伴；既可能是敌人，也可能是朋友，在这种情况下的交往，就是要在双方既矛盾又统一的状态中，寻找双方都需要和乐于接受的东西。这就需要"弹性"策略，既把关系处理得松紧适度，易于回旋，又能保证不增加矛盾冲突，便于进一步增进联络、加强合作。

**4. 在特定情形下的交往**

人们进行交往总离不开语言。有些特定语境使人们在言语交际中不可把话说得太肯定、太绝对，而应该灵活多变，可上可下，可宽可窄，可进可退，这也需要在言语交际中带上一定的"弹性"。

## 吃亏是福

聪明的人能从吃亏中学到智慧，悟透人生。在中国传统思想中，有"吃亏是福"一说。这是中国哲人所总结出来的一种人生观——它包括了愚笨者的智慧、柔弱者的力量，领略了生命含义的旷达和由吃亏退隐而带来的安稳与宁静。与这样貌似消极的哲学相比，一切所谓积极的哲学都会显得幼稚与不够稳重，以及不够圆熟。

"吃亏是福"的信奉者，同时也一定是一个"和平主义"的信仰者。林语堂在《生活的艺术》中对所谓"和平主义者"这样写道：

"中国和平主义的根源，就是能忍耐暂时的失败，静待时机，相信在万物的体系中，在大自然动力和反动力的规律运行之上，没有一个人能永远占着便宜，也没有一个人永远做'傻子'。"

大智者，常常是若愚的。而且，唯有其"若愚"，才显其"大智"本色。其中的"若"这个字在这里很重要，是"像"的意思，而不是"是"的意义。以下是唐代的寒山与拾得（他们二人实际上是一种开启人的解脱智慧的象征）两个人的对话。

一日，寒山谓拾得："今有人侮我、笑我、藐视我、毁我、伤我、嫌恶恨我、诡谲欺我，则奈何？"拾得曰："子但忍受之，依他、让他、敬他、避他、苦苦耐他、不要理他。且过几年，你再看他。"

那个高傲不可一世的人的结局就可想而知了，而我们也一定可以想象得出寒山的胜利的微笑——尽管这可能是一种超脱圆滑者的微笑。不过，它的确会给我们的生活带来一些好处。

就如我们用瓷或泥做的储钱罐。在小时候，我们常将父母给的一些零用钱放进去，当这个储钱罐满的时候，我们就将它打破，而将其中的钱取出来。然而，当它是空的时候，它却可以保全它的自身。

所以，如果我们知道福祸常常是并行不悖的，而且福尽则祸亦至，而祸退则福亦来的道理，那么，我们就真的应采取"愚""让""怯""谦"这样的态度来避祸趋福。所以，像"愚""让""怯""谦"这样道气十足的话，即使不是出于孔子之口，也必定是哲人之言，也是中国传统思想中的一部分。

"吃亏"也许是指物质上的损失，但是一个人的幸福与否，却往往是取决于他的心境如何。如果我们用外在的东西，换来了心灵上的平和，那无疑是获得了人生的幸福，这便是值得的。

若一个人处处不肯吃亏，则处处必想占便宜，于是，妄想日生，骄心日盛。而一个人一旦有了骄狂的态势，肯定会侵害别人的利益，于是便起纷争，在四面楚歌之下，又焉有不败之理？

因此，人最难做到的，即"吃亏是福"的前提，一个是"知足"，另一个就是"安分"。"知足"则会对一切都感到满意，对所得到的一切，内心充满感激之情；"安分"则使人从来不奢望那些根本就不可能得到的或根本就不存在的东西。没有妄想,也就不会有邪念。所以,表面上看来"吃亏是福"以及"知足""安分"会予人以不思进取之嫌,但是,这些思想也是在教导人们要成为对自己有清醒认识的人,做一个清醒正常的人。因为,一个非常明白的事实——即不需要任何理论就可以证明的是,一切的祸患,不都是在于人的"不知足"与"不安分",或者说是不肯吃亏上吗?

因此,当你在生活中,在人际交往中感觉自己吃了亏的时候,不要去抱怨什么,以平静的心态去对待这一切,曰:吃亏是福。

## 不同性格应采取不同的对待方式

正是由于人的性格多种多样且差别甚大,所以,我们在人际交往的过程中将会与各种各样的人打交道,而不同的人又有着不同的性格,如果我们想建立一个良好的人际关系,那么我们就必须针对不同人的不同性格采取不同的对待方式。

**1. 寻找死板的人的兴趣点**

这种类型的人,就算你很客气地和他打招呼、寒暄,他也不会做出你所预期的反应来。

遇到这样的情况,你就要花些时间,仔细观察、注意他的一举一动,从他的言行中,寻找出他所真正关心的事来。你可随便和他闲聊,只要能够使他回答或产生一些反应,那么事情也就好办了。接下来,你要好好利用这个话题,让他充分表达出自己的意见。

每一个人都有令他感兴趣、关心的事,只要你稍一触及,他就会开始滔滔不绝地说下去，此乃人之常情。

### 2. 简言应付傲慢无礼的人

有些人自视甚高、目中无人，时常表现出一副"唯我独尊"的样子。

对付这一类型的人，说话应该简洁有力才行，最好少跟他啰唆，所谓"多说无益"。因此，你要尽量小心。

不要认为对方客气，你也礼尚往来地待他，其实，他多半是缺乏真心实意的。你最好在不得罪对方的情况下，言辞尽可能"简省"。

### 3. 面对沉默寡言的人要直截了当

和不爱开口的人交涉事情，实在是非常吃力的。因为对方太过沉默，你没办法了解他的想法，更无从得知他对你是否友好。

对于这种人，你最好采取直截了当的方式，让他明确表示"是"或"不是"，"行"或"不行"，尽量避免迂回式的谈话，你不妨直接地问："对于A和B两种办法，你认为哪种较好？是不是A方法好些呢？"

### 4. 瞻前顾后应对草率决断的人

这种类型的人，乍看好像反应很快：他常常在交涉进行到最高潮时，忽然做出决断，予人"迅雷不及掩耳"的感觉。这种人多半是性子太急了，因此，有的时候为了表现自己的"果断"，决定就会显得随便而草率。

从事交涉，总是要按部就班地来，倘若你遇到上述这种人，最好把谈话分成若干段，说完一段（一部分）之后，马上征求他的同意，没问题了再继续进行下去，总之你要瞻前还要顾后，如此才不致发生错误，也可免除不必要的麻烦。

### 5. 适可而止打发冥顽不灵的人

顽强固执的人是最难应付的，因为无论你说什么，他都听不进去，只知坚持自己的意见，死撑到底。跟这种顽固分子交手，是最累人且又浪费时间的，结果往往徒劳无功。因此，在你和他交涉的时候，千万要记住"适可而止"，否则，谈得愈多、愈久，心里愈不痛快。

对付这种人，你不妨及时抱定"早散""早脱身"的想法，不必耗时自讨没趣。

### 6. 耐心应对行动迟缓的人

对于行动比较缓慢的人，最是需要耐心。与人交际时，可能也会经常碰到这种人，此时你绝对不能着急，因为他的步调总是无法跟上你的进度，换句话说，他是很难达到你的预定计划的。所以，你最好按捺住自己的性子，拿出耐心，尽可能配合他的情况去做。

此外，应该注意的是：有些人言行并不一致，他可能话语明快、果断，只是行动不相符合罢了。

### 7. 遇见自私自利的人能忍则忍

这世上自私自利的人为数不少，无论你走到哪儿，总会遇到几个。这种人心目中只有自己，凡事都将自己的利益摆在前头，要他做些于自己无利的事，他是绝不会考虑的。

当我们不得不与其接触、交涉时，只有暂时按捺住自己的厌恶之情，姑且顺水推舟。当他发现自己所强调的利益被肯定了，自然就会表示满意，如此，交涉就会很快获得成功。

### 8. 不要揭穿深藏不露之人的"伪装"

我们周围存在着一些深藏不露的人，他们不肯轻易让人了解其心思，或知道他们在想些什么，有时甚至说话不着边际，一谈到正题就"顾左右而言他"。

双方进行交涉，其目的在于了解彼此的情况，以使任务圆满达成。因此，要经常挖空心思去窥探对方的情报，期待对方露出他的"庐山真面目"来。

但是，当你遇到这样的一个深藏不露的人时，只需要把自己预先准备好的资料拿给他看，让他根据你所提供的资料，做出最后决断。

人们多半不愿将自己的弱点暴露出来，即使在你要求他说出答案或提出判断时，他也故意装作不懂，或者故意言不及义地闪烁其词，使你有一种"高深莫测"的感觉。其实这只是对方伪装自己的手段罢了。

## 改变在人际交往方面的消极态度

拥有丰富多彩的人际关系世界是每一个现代人的需要。可是，现实生活中，很多人的这种需要都没有得到满足。他们总是慨叹世界上缺少真情，缺少帮助，缺少爱，那种强烈的孤独感困扰着他们，折磨着他们。

其实，很多人之所以缺少朋友，仅仅是因为他们在人际交往中总是采取消极的、被动的退缩方式，总是期待友谊从天而降。这样，虽然他们生活在一个人来人往的工作场所，却仍然无法摆脱心灵上的孤寂。这些人，只想做交往的响应者，不做交往的始动者。

要知道，别的同事是没有理由无缘无故对我们感兴趣的。因此，如果想赢得别人的友情，与别人建立良好的人际关系，摆脱孤独的折磨，就必须主动交往。而主动交往的第一步便是对建立良好的人际关系抱有较好的态度，这样才能迈开人际交往的第一步。但遗憾的是很多人就是在这一点上出了问题。出于很多种的原因，他们总是对人际交往采取一种十分消极的态度，有排斥、恐惧、厌烦，进而远离人群，将自己封闭在自己的个人世界里。

心理学家研究发现，有两点原因影响人们不能主动交往，而采取被动退缩的交往方式：

一方面是生怕自己的主动交往不会引起别人的积极响应，从而使自己陷入窘迫、尴尬的境地，进而伤及自己脆弱的自尊心。而实际上，在现实生活中，每一个人都有交往的需要，因此，我们主动而别人不采取响应的情况是极其少见的。

试想，如果别人主动对你打招呼，你会采取拒绝的态度吗？比如，生活中会有这样一种非常有趣的现象：在硬座火车上，坐在一个"隔间"里面有6个人，如果这6个人里面至少有1个是主动交往的人，那么他们总是谈得热火朝天，一路上充满欢声笑语；如果这6个人没有1个人主动和别人交往，那么，从起点坐到终点，他们会始终处在无聊的气氛中，看书也没劲，对望又很尴尬，所以干脆闭上眼睛养神。与其尴尬地面面相觑，还不如主动打招呼，换得一路不寂寞，不是很好吗？

当你尝试着主动和别人打招呼、攀谈时，你会发现，人际交往是如此容易。

另一方面，人们心里对主动交往有很多误解。比如，有的人会认为"先同别人打招呼，显得自己低贱""我这样麻烦别人，人家肯定会烦的""我又没有和他打过交道，他怎么会帮我的忙呢？"等。

其实，这些都是害人不浅的误解，没有任何可靠的证据能证明其正确性。但是，这些观念却实实在在地起着作用，阻碍了人们在交往中采取主动的方式，从而失去了很多结识别人、发展友谊的机会。

当你因为某种担心而不敢主动同别人交往时，最好去实践一下，用事实去证明你的担心是多余的。不断地尝试，会积累你成功的经验，增强你的自信心，使你在工作中的人际关系状况越来越好。

其实，社交对一个人建立良好的人际关系是非常重要的第一步，因此，克服社交的消极心理是大为重要的。那么，克服社交的消极心理，建立和谐的人际关系就从现在开始吧！

### 1. 列出一张人名表

表上记载着同你所希望接触的社会领域有联系的人。在需要的时候去挑选能够助你一臂之力的人。

### 2. 把自己同别人联系起来

为了建立关系网，你应该善于把自己同别人联系起来。你可以通过公司的同行或者是合作伙伴，建立更广的人际圈。

### 3. 让更多的人了解你

不论你想向哪一个方面发展，最重要的是使决定你命运的人了解你。如果你从早到晚只是埋头待在办公室，那么你根本无法实现你的目标。

### 4. 忙碌起来

今后你不论到哪里都带上点东西，文件、表格、书等。让其他人都注意到你的忙碌。因为这足以表现出你的抱负和进取心，更容易获得他人的信任和帮助。

### 5. 把自己同组织、团体联系起来

记住，你现在的工作不是你非要干一生的岗位，今后你还会有更理想、更适合自己的岗位。因此你应该把自己同本行业或者

相关行业的组织联系起来,树立自己在其中的人缘。今后你准备换工作的时候将大有益处。

其实,上面说了这么多无非想让我们知道与人打交道,进行人际交往是件很简单的事,并没有我们想象中的那样可怕。只要我们敢于打开心扉,用一种积极的心态去主动地与别人建立良好的人际关系,就一定能够在短时间内建立起良好的人际关系。

不要再犹豫了,也不要再被内心消极的社交态度所左右了,从现在开始,彻底改变和摆脱内心的消极态度,以积极的态度开始你的人际关系吧!

## 图书在版编目（CIP）数据

性格决定命运 / 文德编著. — 北京：中国华侨出版社，2018.3（2020.3重印）

ISBN 978-7-5113-7461-5

Ⅰ.①性… Ⅱ.①文… Ⅲ.①性格—通俗读物 Ⅳ.①B848.6-49

中国版本图书馆CIP数据核字(2018)第021006号

## 性格决定命运

| | |
|---|---|
| 编　　著： | 文　德 |
| 责任编辑： | 张　玉 |
| 封面设计： | 冬　凡 |
| 文字编辑： | 李　波 |
| 美术编辑： | 杜雨翠 |
| 经　　销： | 新华书店 |
| 开　　本： | 880mm×1230mm　1/32　印张：6　字数：154千字 |
| 印　　刷： | 三河市新新艺印刷有限公司 |
| 版　　次： | 2018年5月第1版　2021年6月第9次印刷 |
| 书　　号： | ISBN 978-7-5113-7461-5 |
| 定　　价： | 30.00元 |

中国华侨出版社　北京市朝阳区西坝河东里77号楼底商5号　邮编：100028
法律顾问：陈鹰律师事务所
发行部：（010）88893001　　传　真：（010）62707370

如果发现印装质量问题，影响阅读，请与印刷厂联系调换。